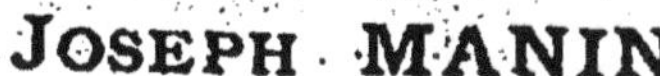

JOSEPH MANIN

LA COSMOGRAPHIE DE L'ESPRIT

(ÉTUDE PHILOSOPHICO-SCIENTIFIQUE)

SUIVIE DE

A TRAVERS L'INFINI

Poème Scientifique

« Un lien mystérieux unit
« la nature céleste et la
« nature terrestre. »

DE HUMBOLDT.

PRIX : 3 francs.

PARIS. — BIBLIOTHÈQUE DES MODERNES
289, Rue des Pyrénées, 289
1898

DU MÊME AUTEUR :

ŒUVRES PUBLIÉES

Littérature

Le Temple et l'Ecole, *Revue Moderne*.
Considérations géographico-historiques, *Revue Moderne*.
Edmond Haraucourt, notice, *Annales Gauloises*.
St-Yves, nouvelle, *Nouvelle Revue Moderne*.
La Fête des Morts, *Nouvelle Revue Moderne*.

Poésie

La Sainte, couronnée aux *Jeux Floraux*, de Toulouse.
Tristes Symphonies, musique de Sallet-Gless.
Sur le Lac, musique de Demester.
Oceano Mors, Stances.
Un Jardin dans un crane, monologue.
Le Casque allemand, monologue.
A Gretchen, monologue.
Derniers Soleils.
Le Printemps des Morts,
La Fin d'un Monde, Ode.
Paris mille ans après.
Bancs de marbre.
Schopenhauer.
Le vieux Clocher, Monologue.
Le Drapeau.
Lyre d'Airain (Sonnets), couronné à Paris.
Sortie d'Eden, Tiercets.
L'Esprit fort.
La Patrie, Monologue.
Morts oubliés.
Sur le berceau de Marguerite, Monologue.
A mon pays, Sonnet.
Français, souvenons-nous.
L'Angélus, d'après le tableau de Millet, Sonnet couronné à Toulouse.
Avril.
Philosophie.
Au Forez.

Politique

A qui la timbale ?
La fin d'un parti.
La Politique.
Professions de foi électorales.
Lettres politiques.

LA COSMOGRAPHIE DE L'ESPRIT

ET

A TRAVERS L'INFINI

N° 

IL A ÉTÉ TIRÉ DE CET OUVRAGE :

10 Exemplaires sur Japon Impérial numérotés de . . . . 1 à 10

490 Exemplaires sur papier de luxe numérotés de. . . . . 11 à 500

JOSEPH MANIN
ANCIEN DIRECTEUR DE LA *Nouvelle Revue Moderne*

LA COSMOGRAPHIE DE L'ESPRIT

(PARADOXE PHILOSOPHICO-ASTRONOMIQUE)

SUIVI DE

A TRAVERS L'INFINI

Poème Scientifique

(FRAGMENT)

« Un lien mystérieux unit
« la nature céleste et la
« nature terrestre. »

DE HUMBOLDT.

PARIS
BIBLIOTHÈQUE DES MODERNES
289, Rue des Pyrénées, 289

OUVRAGES DU MÊME AUTEUR

POUR PARAITRE PROCHAINEMENT

PROSE

Dissertation sur la Vie Universelle.....	Prix :	2 »
Histoire et Géographie comparées.....	—	3.50
Mélanges : Littérature et Philosophie..	—	3 »
Sentences, Maximes et Proverbes......	—	2 »
Anatomie et Physiologie...............	—	3.50

POLITIQUE

Critique d'Hommes et de Choses.......	—	3.50
A Travers Cinquante Ans.............	—	3.50

POÉSIE

A Travers l'Infini *(Poème scientifique)*.	—	2.50
Lauriers et Cyprès....................	—	2 »
Lyre d'Airain *(Sonnets Patriotiques)*...	—	2 »
Immortelles..........................	—	2 »
Larmes et Sourires....................	—	2 »
Scènes Bibliques......................	—	2.50

Tous ces ouvrages sont en souscription aux prix sus-indiqués. S'adresser à la " Bibliothèque des Modernes ", 289, rue des Pyrénées, Paris.

M. JOSEPH MANIN.

En guise de Préface

Un Sage a dit, il y a trois mille années, cette parole qui sera perpétuellement vraie et que tous les siècles se transmettront les uns aux autres : *Il n'y a rien de nouveau sous le soleil* (1). Dans le domaine philosophique, dans le champ astronomique comme dans toutes les régions du savoir humain, des chemins ont été tracés, des jalons ont été plantés, des routes ont été parcourues par les hommes qui nous ont précédé en cette vie. Les principes et les vérités qu'ils ont pu découvrir sont encore nos principes et nos vérités, et plus d'un système que nous qualifions de moderne se retrouve

(1) *Nihil novi sub sole* (Salomon).

encore dans les œuvres de nos ancètres.

L'auteur des lignes qui vont suivre n'a pas la prétention d'être un savant, un astronome, ni un philosophe, à moins qu'on ne donne à ce dernier nom son sens étymologique: *Philossophia*, Ami de la Sagesse. Il n'est rien autre chose, en effet, qu'un esprit désireux de s'élever au-dessus des régions du terre à terre, d'étudier les phénomènes et les lois des réalités tangibles et perceptibles, et de les comparer aux phénomènes et aux lois du monde de l'intelligence, pour en rechercher les similitudes, les rapports de ressemblance. Il ignore si l'essai auquel il s'est livré a été tenté avant lui, car il sait que, dans l'histoire de l'Humanité, il y a eu des périodes de léthargie intellectuelle au cours desquelles la Science fut oubliée au nord comme au midi de l'Ancien-Monde, au Levant comme au Couchant, et que les éléments des Sciences furent dispersés. Il sait aussi qu'en Orient, la plus riche bibliothèque du monde, où les seules archives des connaissances humaines étaient conservées, fut incendiée au septième siècle de notre ère, digne fruit des tristes révolutions arabes; et qu'en Occident, pendant quinze siècles, les plus puissantes aspirations de la Pensée restèrent stériles sous le ciel de plomb qui les étouffait.

Il n'entend donc rien innover. Ce qu'il a écrit, il l'a étudié et mûrement réfléchi dans le calme des nuits, à la vue de ces millions de points lumineux, de ces astres étincelants, de ces planètes brillantes dont la blanche et éternelle théorie se déroule depuis des millions d'années dans les plaines de l'espace infini. Il s'est dit, en présence des merveilles de l'azur, que tout doit se tenir dans l'Univers, que chaque être organisé est lié à un autre qui le précède dans l'échelle de la Création. La plante et l'animal, l'animal et l'homme se rattachent, se soudent l'un à l'autre; l'ordre physique, l'ordre intellectuel et l'ordre moral se confondent. D'où il résulte que celui qui croit avoir trouvé l'explication d'un fait quelconque pris dans l'organisation, est bientôt amené à étendre cette explication à tout l'ensemble des êtres, à remonter d'anneau en anneau toute la chaîne de la Nature. La connaissance des faits appelle celle des causes et des lois de ces causes ; et de ces rapports, de ces rapprochements, de ces ressemblances ressort jusqu'à la dernière évidence l'*unité* du plan divin.

En parlant des Causes premières, Pline a dit : « *Latent in majestate mundi* ». Elles sont cachées dans la majesté du monde. Cette pensée est aussi belle que l'expression en est éloquente. Mais si la pierre tombe, si la terre tourne, si l'arbre grandit, si notre cœur palpite, si les rayons du Soleil produisent la vie, nous est-il interdit de rechercher en vertu de quelles lois se produisent tous ces phénomènes ? Non, assurément. Aussi, remarque-t-on, depuis quelques années surtout, un mouvement philosophique sur la nature duquel personne ne se méprendra.

Abandonnant le Matérialisme dont la contradiction absolue dans les expressions du langage n'a d'équivalent que la contradiction dans les principes du raisonnement, des hommes nouveaux surgissent de toutes parts, pulvérisant cet athéisme pur et simple, édifiant sur ses débris l'Idée éternelle et proclamant le règne de l'esprit.

Salut à cette rénovation ! Que tous nos efforts, que toutes nos veilles lui appartiennent ! Puisse la Philosophie n'être plus reléguée dans un cercle de sectes et de systèmes, et s'unir à la Science, sa sœur : c'est de leur union féconde que l'Humanité attend sa foi nouvelle et sa grandeur future.

Enfin, pour justifier tout de suite à vos yeux, lecteur, la raison d'être de cet ouvrage, il importe d'ajouter qu'indépendamment de l'actualité qui s'y rattache par les travaux récents de la Pensée, ce chapitre de la Philosophie naturelle est le côté vivant, si l'on peut s'exprimer ainsi, de la Science astronomique, laquelle, malgré ses magnifiques découvertes, serait d'une utilité moindre pour l'avancement de l'esprit humain si l'on ne savait l'envisager sous son point de vue philosophique, et que, sous ce rapport, elle doit concourir, comme les autres branches de la Science, à nous apprendre ce que nous sommes. Nulle science n'ouvre des horizons aussi vastes et ne peut mieux charmer l'âme contemplative que la belle science du Ciel. Aucune n'est aussi indispensable pour former une instruction positive, réelle, exacte; car, sans elle, nous vivons comme des végétaux, sans savoir ce qui nous fait vivre; quel est ce Soleil dont les rayons éclairent, échauffent et fécondent notre planète; quelle est cette Terre sur laquelle nos pieds reposent; quelles forces la soutiennent et la portent dans l'espace; quelles lois régissent les années, les saisons et les jours. Nous vivons sans savoir quels sont ces autres mondes qui brillent au-dessus de nos têtes, ni ce que c'est que le Ciel. Nous ne savons rien des influences qui, de ces astres, vont agitant les facultés intellectuelles et les soumettant à leurs lois, comme y sont soumis les corps sidéraux.

Ceci dit, nous allons étudier les principales Facultés de l'esprit, que nous comparerons aux principales Constellations de l'espace; puis, dans une seconde partie, nous traiterons des Lois qui président aux évolutions des mondes stellaires, et les comparerons aux lois des intelligences. Et la conclusion de cette étude paradoxale s'imposera, pour ainsi dire, d'elle-même.

Un dernier mot. Cet ouvrage est écrit sans prétention. N'y cherchez donc pas, ô lecteur, des descriptions transcendantes, des aperçus philosophiques au-dessus des conceptions du vulgaire, des recherches de langage; en un mot, tout ce qu'il est d'usage de rencontrer dans les livres de cette nature. Il n'a pour lui d'autre mérite que celui de la sincérité. Mais tout le monde devant travailler au grand édifice, nous avons cru devoir, nous parfaitement inconnu dans l'aréopage des hommes graves qui personnifient chez nous la Pensée humaine, apporter aussi la modeste pierre qu'il nous a été donné de ramasser sur notre chemin. Puissions-nous avoir inspiré à d'autres écrivains de tenter le même effort : nous aurons ainsi atteint notre but et serons largement payé de nos peines par la conscience du bien accompli.

J. Manin.

Paris, 21 Octobre 1897.

Cinquantième anniversaire
de ma naissance.

PREMIÈRE PARTIE

FACULTÉS DE L'INTELLIGENCE

CHAPITRE PREMIER

1° La Raison. — Le Soleil

Nous voici sur le seuil d'un monde autrement fécond, autrement vaste et profond que le monde des corps. Si, dans le monde matériel, au dire de la Science moderne, chaque atôme est un univers, dans le domaine de l'esprit chaque faculté, chaque idée nous représente un monde avec ses lois, un univers d'observations et de phénomènes. Car l'Intelligence peut être assimilée au Ciel visible, et les facultés sont les constellations de ce ciel mystérieux, les étoiles plus ou moins lumineuses. Mais de même que, sans les rayons du Soleil, il nous serait impossible de distinguer ces masses gigantesques qui se meuvent au-dessus de nos têtes, nous ne pouvons, sans le secours de la Raison, voir ni discerner les facultés intellectuelles, ces planètes du monde de la Pensée.

Ce sera donc la Raison elle-même qui nous conduira à travers l'infini de son domaine.

Suivons ce guide, hasardons-nous sur ses pas jusqu'aux sommets ultimes, jusqu'à ces idées inaccessibles au vulgaire et qui sont le séjour du génie, comme les anfractuosités des roches escarpées sont l'aire des aigles.

.Chez tous les hommes, chez tous les peuples, parmi les nations les plus civilisées comme au milieu des tribus les plus reculées, on voit les yeux tournés vers le Ciel dans les élans de la passion, dans les angoisses de la douleur, dans les moments solennels ; tandis qu'on ne voit personne, dans ces mêmes circontances, contempler la Terre, ou ce qui s'étend sous nos pieds.

C'est toujours vers le Ciel que s'élancent nos yeux et nos cœurs. Vers lui les mourants jettent leurs regards défaillants, et c'est vers les espaces célestes que nos yeux se portent quand nour sommes sous l'empire d'une rêverie. Le poète sonde le Ciel quand il y cherche l'inspiration de ses strophes harmonieuses ; le savant cherche au fond du Ciel l'énigme de ses conceptions. En pensant à l'époux disparu ou à son enfant absent, la mère interroge le Ciel comme pour lui demander de leurs nouvelles. Le marin perdu sur l'abîme immense consulte le Ciel et lui demande l'orientation de sa voile. Le vieillard, avant de se coucher dans le sein de la Terre, appelle le Ciel à son aide et semble solliciter son mystérieux appui.

Une tendance aussi universelle est une sorte d'intuition, une quasi-révélation des rapports qui doivent exister entre le monde de l'espace et celui des intelligences.

Nous pénétrant donc de cette pensée, entrons dans le domaine de l'esprit, et puisque le premier des astres est le Soleil, voyons la première des facultés intellectuelles, la Raison.

*
* *

La Raison, est, disons-nous, la première des facultés de notre esprit. C'est le Soleil dont la clarté se répand sur les autres astres. Aussi dit-on, et à bon droit, que l'homme privé de raison est comme dans une nuit profonde. De même, en effet, que le Soleil nous aide à distinguer les nuances et les couleurs des choses, de même, dans le monde intellectuel, la Raison nous fait voir les divers aspects d'une réalité. C'est pourquoi nous disons de quelqu'un qui parle ou agit contre le vrai : Qu'il n'est pas raisonnable.

Le mot Raison a plusieurs équivalents : par exemple, l'Intelligence, la Vérité, le Droit, sont regardés comme autant de synonymes Cependant, à bien étudier les choses de près, il semble que Intelligence signifie : ensemble des facultés de l'esprit, compréhension des rapports entre les idées. La Raison s'entend de la faculté qu'a l'Intelligence de saisir le côté réel d'une vérité. La Vérité, elle, n'est pas une faculté : elle est l'objectif d'une faculté. La Philosophie définit la Vérité: *Ce qui est*. C'est pour l'esprit qu'a été créée la Vérité. Mallebranche appelle la Vérité :

La Viande des esprits. Zoroastre, le Sage égyptien, dit: « que la Vérité n'est pas une plante de la terre, parce que ses ramifications touchent à la Divinité » C'est pourquoi la Théologie enseigne que Dieu est la Vérité, et que, hors de Dieu, l'homme marche dans les ténèbres.

Dans son acceptation générale, la Raison se prend pour synonyme de l'Intelligence ou de la faculté de connaître. Mais dans un sens plus spécial, ce nom désigne la faculté par laquelle nous saisissons les idées universelles, les vérités absolues, les principes invariables. Marc-Aurèle, prenant la Raison dans ce dernier sens, a dit : « Qu'elle est la faculté intellectuelle par laquelle l'homme discerne le vrai du faux, le juste de l'injuste, la faculté à l'aide de laquelle il règle ses passions et étend ses affections, car il les rend sociables, universelles ». Au dire de Rivarol, la Raison se compose de vérités qu'il faut dire et de vérités qu'il faut taire. Et Jean-Jacques Rousseau a pu écrire, sans crainte d'être dementi : « Que de toutes les facultés de l'homme, la Raison, qui n'est, pour ainsi dire, qu'un composé de toutes les autres, est celle qui se développe le plus difficilement et le plus tard. »

La Raison se dit aussi, en général, des lumières que produisent les principes incontestables de Vérité et de Justice qui peuvent seuls donner aux pensées et aux actions des hommes une direction juste, sage et légitime. C'est dans ce sens qu'il faut prendre les paroles d'Helvétius : « Les hommes sont toujours contre la Raison, lorsque la Raison est contre eux. »

La Raison se dit encore pour l'art de raisonner. « La Raison, dit Levis, n'a pas de « prise sur les esprits faux : c'est donc peine « perdue que de chercher à les convaincre ».

Dans la conversation, on décore du nom de Raison tout ce qu'on allègue pour soutenir son opinion, justifier sa conduite, défendre ses intérêts, etc. Il y a, par conséquent, de bonnes et de mauvaises raisons. Aussi, Fabre d'Eglantine a-t-il pu écrire en toute conscience : « Que la Raison n'est raison qu'autant qu'elle nous touche. »

Nous passons sous silence les diverses acceptations philosophiques du mot Raison, telles que la Raison « empirique », de Wolff; la Raison « suffisante », de Leibnitz; la Raison « théorique », de Kant, pour nous en tenir exclusivement à la Raison, faculté de comprendre.

Ainsi entendue, la Raison pousse l'Intelligence vers la Vérité, comme l'Attraction pousse les planètes du système stellaire vers la *Constellation d'Hercule.* Car elle est, en même temps qu'une faculté, une loi de l'esprit. Par elle, l'esprit s'élève au-dessus des sphères ordinaires ; par elle, il marche dans le domaine des réalités véritables ; sans elle, au contraire, il divague, semblable à ces astres errant loin de leur orbite et qui vont dispersant leurs débris sur tous les mondes.

La Raison est donc, de par sa nature et son excellence, la première des facultés de l'homme. Or, il n'y a rien de plus estimable que le bon sens et la justesse de l'esprit dans le discernement du vrai et du faux. Toutes les autres qualités de l'Intelligence ont des usages bornés ; mais l'exactitude de la Raison est, généralement, utile dans tous les usages et dans toutes les parties de la vie. On se sert de la Raison comme d'un instrument pour acquérir les Sciences, et l'on devrait se servir, au contraire, des Sciences comme d'un instrument pour perfectionner sa Raison : la justesse de l'esprit étant infiniment plus considérable que toutes les connaissances spéculatives auxquelles on peut arriver par le moyen des Sciences les plus véritables et les plus solides.

Les hommes ne sont pas nés pour employer tout leur temps à mesurer des lignes, à examiner les rapports des angles, à considérer les divers mouvements de la matière : leur esprit est trop grand, leur vie trop courte, leur temps trop précieux pour l'occuper à de tels objets. Mais ils sont obligés d'être justes, équitables, judicieux. On ne rencontre partout que des esprits faux, qui n'ont presque aucun dicernement de la Vérité, qui prennent toutes choses en mauvais biais. Or, une grande partie des faux jugements des hommes est due à la précipitation de l'esprit. Le peu d'amour que l'on a pour la Vérité fait que l'on ne se met pas en peine, la plupart du temps, de distinguer ce qui est vrai de ce qui est faux. La vanité et la présomption contribuent aussi beaucoup à ce défaut. On croit qu'il y a de la honte à douter et à ignorer, et l'on aime mieux parler au hasard et décider de suite que de reconnaître qu'on est peu informé des choses.

*
* *

Nous avons comparé la Raison, qui est la première de toutes nos facultés, au Soleil, qui est le premier de tous les astres.

« Le Soleil, dit Louis Figuier, diffère to-
« talement du reste des astres du monde. Il
« ne ressemble à rien, et rien ne peut lui
« être comparé. Ni les Planètes, ni les Satel-
« lites, ni les Astéroïdes, ni les Comètes ne
« sauraient en donner l'idée... Agent de
« puissantes forces physiques, il est, de plus,
« un agent précieux de forces chimiques, et
« là est surtout son grand rôle dans les phé-
« nomènes de la Nature. S'il n'existait pas, la
« vie serait bannie du globe terrestre » (1).

N'est-ce pas là l'image frappante de la Raison ? Qu'advient-il d'un esprit privé de cette faculté, sinon qu'il est un esprit sans vie ni force active, un esprit perdu, égaré, voué aux ombres de l'erreur ? Et puis, quelle

(1) Le lendemain de la Mort, pages 115 et 116.

faculté ressemble à la Raison ? Aucune, car la Raison embrasse tout le domaine intellectuel, s'attache à toutes les vérités, domine toutes les Sciences, de même que le Soleil enveloppe de ses rayons tous les êtres créés et les vivifie.

« La constitution physique du Soleil est « une question qui n'est pas résolue, quoi- « qu'elle soit débattue, dit Camille Flama- « rion (1) depuis Anaximandre de Milet, « disciple de Thalès. Les travaux des astro- » nomes et des physiciens du siècle dernier « et du nôtre semblaient montrer dans l'as- « tre solaire un globe obscur comme les « planètes, enveloppé de deux atmosphères « principales, dont l'extérieur serait la « source de la lumière et de la chaleur, et « dont l'intérieur aurait pour rôle de réflé- « chir au dehors cette lumière et cette cha- « leur, et d'en préserver le globe solaire. « Ce globe solaire serait de la sorte habita- « ble : c'était l'opinion des deux Herschel, « d'Humbold, d'Arago et des astronomes « de la première moitié de notre siècle. « Mais les déterminations très récentes de « la Physique générale paraissent démontrer « aujourd'hui que le globe solaire est tout « entier dans un état de température si « élevé qu'il doit être entièrement liquide, « sinon même gazeux; que c'est bien sa sur- « face que nous voyons, que cette surface « est lumineuse, ardente, mobile, ondoyante

(1) La *Pluralité des Mondes habités*, page 60.

« comme celle de la mer, agitée de vagues « formidables, de tourbillons et d'explosions « dont nos tempêtes et nos volcans terres- « tres ne peuvent nous donner qu'une mé- « diocre idée. Le Soleil paraît être, selon la « parole de Kepler, un aimant gigantesque « soutenant par les seules lois d'une attrac- « tion réciproque tous les autres mondes « du groupe qu'il régit, un flambeau et un « foyer permanent d'électricité, mettant en « mouvement sur les mondes cet agent im- « pondérable qui joue un si grand rôle « parmi les forces en action de notre sys- « tème. »

Son action sur la Terre et sur les autres planètes est d'une importance unique ; nous lui devons les principes mêmes de notre existence. Le vent qui souffle sur nos campagnes, le fleuve qui descend des plaines à la mer, le navire aux voiles gonflées, le blé qui germe, la pluie qui féconde, le moulin qui transforme l'épi des champs, le cheval qui bondit sous l'étrier, la plume de l'écrivain qui répond à sa pensée, c'est au Soleil que nous devons remonter pour l'explication de tous ces mouvements ; il est l'agent direct ou indirect de toutes les transformations vitales qui s'opèrent sur les planètes, — lui dont la puissance et la gloire nous environnent et nous pénètrent, et sans lesquelles cesserait bientôt de battre le cœur glacé de la Terre.

Le globe immense du Soleil est *un million*

deux cent quatre-vingt mille fois plus gros que la Terre. Voici un exemple bien connu qui donnera une idée de cette colossale grandeur. Si nous supposions la Terre placée au centre du Soleil, comme un petit noyau au milieu d'un fruit, la Lune, (éloignée de nous de 96,000 lieues) serait comprise elle-même dans l'intérieur du corps solaire, et, pour aller du centre de la Lune à la surface du Soleil, on aurait encore à parcourir une ligne de plus de 80,000 lieues. Cet astre important pèse à lui seul 324,000 fois plus que la Terre et 700 fois plus que toutes les planètes et leurs satellites réunis. Sa surface est le siège de mouvements formidables, et présente ordinairement sur certaines zônes spéciales des taches relativement obscures, qui paraissent être des ouvertures immenses dont l'étendue surpasse quelquefois incomparablement celle de la Terre entière.

Cette description sommaire du Soleil et de son rôle dans le système stellaire suffit à donner une idée de l'importance de la Raison dans le système intellectuel et de son rôle sur les facultés de l'esprit.

Nous pouvons donc conclure avec justesse que la Raison est la première, la plus noble, la plus indispensable des facultés de l'être humain, de même que le Soleil est le premier, le plus grand et le plus utile des astres du Ciel. Sans le Soleil, il n'y a que l'ombre et la nuit ; sans la Raison, il n'y a plus qu'erreurs, doute et mensonge.

CHAPITRE SECOND

2° L'Imagination. — Vénus.

Si la Raison est la première dans l'ordre de nos facultés, l'Imagination mérite le second rang, à cause de son importance et de son éclat. Si la Raison est le Soleil de notre esprit, l'Imagination est la Vénus de notre intelligence. Vénus, en effet, est la plus brillante des planètes du système stellaire. C'est elle qu'on aperçoit, le soir, à l'Ouest, après le coucher du soleil ; c'est elle encore qui paraît à l'Est, le matin. — Or, l'Imagination apparaît aussi au matin de la vie : elle est comme l'aurore de la Raison : elle en est également le crépuscule. Lorsque la Raison se dégage des liens qui entravent son essor, semblable à l'astre du jour dont la clarté lutte avec les ombres de la nuit ; lorsqu'elle s'élance par dessus les horizons de la Pensée, l'Imagination la précède, pareille à Lucifer dont la lumière précède les rayons du Soleil. Et quand l'ombre descend sur notre intelligence ; quand la nuit se fait dans notre esprit, quand la Raison s'obscurcit, l'Imagination montre encore son foyer lumineux, comme Vesper aux approches du soir

Mais, afin d'apprécier davantage le caractère de l'Imagination, suivons cette faculté merveilleuse dans ses évolutions plus merveilleuses encore. Parcourons avec elle cet univers fantastique, idéal, chimérique, infernal, céleste, infini, qui constitue son domaine propre.

∴

Grâce à l'Imagination, nous pouvons franchir en un clin d'œil l'espace, et bâtir par delà les Cieux un monde tout de saphirs et d'émeraudes. Une avenue semée de fleurs d'or nous conduira, à travers des portiques d'étoiles sans nombre, dans cette habitation luxueuse construite par notre faculté ; dans ce monde de diamants, d'or pur et de cristal, fait des débris ou de l'ensemble des mondes Puis, sur un caprice, nous anéantissons cette œuvre et nous avançons plus loin encore dans le domaine de l'Infini, car,

« Par delà tous les Cieux le Dieu des Cieux réside.» (1).

et c'est Lui que nous cherchons. Prompte comme l'éclair, l'Imagination plonge dans l'éternité pour y sonder l'essence de « Celui qui est ». Elle le voit, immobile sur les mondes détruits, créant des mondes nouveaux, dirigeant la loi des espaces et des temps,

(1) Voltaire.

soutenant de sa bonté le brin d'herbe des vallées et l'astre gigantesque évoluant au haut des confins azurés.

Du Ciel l'Imagination nous transporte soudain dans les abîmes des mers pour nous y faire découvrir la mystérieuse existence qu'y développe la Nature. Elle nous fait traverser les fissures de la Terre pour nous montrer la vie universelle qui meut chaque atôme du globe terrestre et qui resplendit dans les profondeurs de notre monde avec non moins de clarté qu'au front des soleils.

Sa puissance est prodigieuse. Déchirant les voiles qui entourent l'origine des êtres, elle nous dévoile le secret du chaos. Par elle, nous assistons à l'éclosion de la vie, à la formation des astres, des êtres humains et des insectes. Depuis l'infiniment grand jusqu'à l'infiniment petit, tout nous est révélé par elle. L'espace n'a pas de limites, le temps n'a pas de durée, à ses yeux. Elle prend les peuples, les individus et les choses à leur commencement; elle les suit à travers les âges, afin de nous les faire parfaitement connaître. Elle est comme un miroir dans lequel viennent se refléter tous les faits, tous les actes qui peuvent nous intéresser, à quelque titre que ce soit.

Cette puissance merveilleuse est admirable; mais elle est terrible, si elle est mal dirigée. Il importe donc que la Raison lui trace sa route, afin de lui faire discerner l'absurde, contre lequel elle irait inévitablement se heurter. Car n'oublions pas qu'un homme de génie a défini cette Imagination dont nous sommes parfois si fiers :« *La folle du logis* », voulant par là préciser ses écarts.

⁂

Nous avons comparé cette faculté à Vénus.

« La brillante Vénus, étoile avant-cour-
« rière de l'aurore et du soir, planète la plus
« radieuse et probablement la plus ancien-
« nement connue de tout le système, dit
« Camille Flammarion, enveloppe l'orbite
« de Mercure dans le cercle qu'elle décrit en
« 224 jours, 16 heures, 49 minutes autour
« de l'astre central.

« Elle est éloignée de celui-ci de 26,750,000
« lieues, et en reçoit deux fois plus de
« lumière et de chaleur que la Terre. Ses
« journées durent 23h27m, c'est-à-dire 33 mi-
« nutes de moins que les nôtres ; ses saisons
« sont beaucoup plus caractérisées que les
« nôtres et ne durent que deux mois chacune.
« Son étendue, sa masse, sa densité et la
« pesanteur des corps à sa surface diffèrent
« peu des éléments analogues dans la pla-
« nète qui va suivre. Ce globe est hérissé
« de sveltes montagnes dont quelques-unes
« excèdent 40,000 mètres d'élévation, et
« environné d'une enveloppe atmosphéri-
« que également très élevée, enveloppe d'une
« constitution physique ressemblant à celle
« de notre enveloppe aérienne, et assez

« appréciable d'ici pour que nous distin-
« guions sur ce monde l'aube et le déclin du
« jour. Comme Mercure, Vénus est presque
« toujours couverte de nuages. (1) »

— « Des nuages enveloppent presque tou-
« jours Vénus, dit, de son côté, Louis Figuier,
« et ils y déversent des pluies, qui doivent
« former des fleuves et des mers. Ces eaux
« doivent rafraîchir les plaines échauffées
« par l'ardeur d'un soleil brûlant. Les sai-
« sons sont encore plus brusques et plus
« disparates dans la planète Vénus que dans
« Mercure. Son axe de rotation est, en effet,
« incliné de 75°.

Bernardin de Saint-Pierre a tracé de cette planète la superbe description suivante dans ses *Harmonies de la Nature* :

« Vénus, dit-il, doit être parsemée d'îles
« qui portent chacune des pics cinq ou six
« fois plus élevés que celui de Ténériffe. Les
« cascades brillantes qui en découlent arro-
« sent leurs flancs couverts de verdure et
« viennent les raffraîchir. Ses mers doivent
« offrir à la fois le plus magnifique et le plus
« délicieux des spectacles. Supposez les gla-
« ciers de la Suisse, avec leurs torrents, leurs
« lacs, leurs prairies et leurs sapins, au sein
« de la mer du Sud ; joignez à leurs flancs les
« collines du bord de la Loire couronnées
« de vignes et de toutes sortes d'arbres frui-
« tiers ; ajoutez à leurs bases les rivages des

(1) *La Pluralité des Mondes habités*, page 66.

« Moluques plantés de bocages où sont sus-
« pendus les bananes, les muscades, les giro-
« fles, dont les doux parfums sont transpor-
« tés par les vents ; les colibris, les tourte-
« relles et les brillants oiseaux de Java, dont
« les chants et les doux murmures sont répé-
« tés par les échos. Figurez-vous leurs grè-
« ves ombragées de cocotiers, parsemées
« d'huîtres perlières et d'ambre gris ; les
« madrépores de l'Océan Indien, les coraux
« de la Méditerranée croissant par un été
« perpétuel, à la hauteur des plus grands
« arbres, au sein des mers qui les baignent,
« s'élevant au-dessus des flots par des reflux
« de vingt-cinq jours, et mariant leurs cou-
« leurs écarlates et purpurines à la verdure
« des palmiers ; et enfin des courants d'eau
« transparente qui réflètent ces montagnes,
« ces forêts, ces oiseaux, et vont et viennent
« d'île en île par des reflux de douze jours et
« des reflux de douze nuits, vous n'aurez
« qu'une faible idée des paysages de Vénus.
« Le Soleil s'élevant, au Solstice, au-des-
« sus de son Équateur, de plus de 71 degrés,
« le pôle qu'il éclaire doit jouir d'une tem-
« pérature beaucoup plus agréable que celle
« de nos plus doux printemps. Quoique les
« longues nuits de cette planète ne soient
« pas éclairées par des lunes, Mercure, par
« son éclat et son voisinage, et la Terre, par
« sa grandeur, lui tiennent lieu de deux
« lunes. »

Un autre auteur, le P. Athanase Kircher,

dans son ouvrage *Voyage extatique*, va jusqu'à doter Vénus d'habitants dépassant en beauté poétique tout ce qu'on peut s'imaginer.

« Il manque d'expression, dit-il, pour faire « passer jusqu'à nous son admiration. Ce « sont des jeunes gens d'une taille et d'une « beauté ravissantes. Leurs vêtements, « transparents comme le cristal, se peignent « aux rayons du Soleil des couleurs les plus « brillantes et les mieux assorties. Il a vu les « uns danser aux sons des lyres et des cym- « bales ; les autres embaumer l'air en y ré- « pandant à pleines mains les parfums qui « renaissaient sans cesse dans les corbeilles « qu'ils portaient. » (1)

Pour résumer toutes ces descriptions, observons qu'elles ont entre elles et l'Imagination de très-grandes analogies. Comme Vénus, l'Imagination est lumineuse, radieuse, brillante ; cette faculté est peuplée d'êtres plus ou moins chimériques, d'idées plus ou moins rationnelles, selon qu'elle est mal ou bien ordonnée. Comme Vénus aussi, elle est le séjour de nuages et d'ombres ; car le doute et l'erreur l'enveloppent et occasionnent des écarts que la Raison est parfois impuissante à pouvoir éloigner.

---

(1) Lettres à Palmyre sur l'Astronomie, page 182.

CHAPITRE TROISIÈME

3° La Mémoire. — La Lune.

Nous avons comparé la Raison au Soleil, l'Imagination à Vénus.: assimilons la Mémoire à un satellite, à la Lune.

La Lune n'est point lumineuse par elle-même ; elle nous renvoie par réflexion la lumière qu'elle reçoit du Soleil. Placée à 96.000 lieues seulement de la Terre, elle accomplit en 27 jours son mouvement de révolution autour de notre planète. On observe aussi dans la Lune des points brillants et des points obscurs.

Nous ne relaterons pas ici les divers romans scientifiques dont la Lune a été l'objet. L'existence de ce satellite offre, en effet, un côté pittoresque plus accessible que tout autre à l'imagination, et dès qu'on se laisse entraîner par ce penchant maladif au merveilleux, qui nous porte tous vers les vagues régions de l'inconnu, c'est un premier pas de fait dans l'entraînement de l'erreur.

Citons, cependant, l'aventure du fameux aéronaute Hans Baal qui, au rapport d'Edgard Poë, fit un long et intéressant voyage aux régions lunaires A l'aide d'un ballon qui réunissait la légèreté à la solidité, et d'un condensateur pour ne pas manquer d'air respirable d'ici là, il monta en 19 jours de Rotterdam à la Lune, écrivit très-facilement toutes les phases de la traversée, les phénomènes météorologiques qu'il eut l'occasion d'observer sur son passage, l'aspect successif de la Terre à différentes hauteurs, et, finalement, sa grande surprise en arrivant chez les Sélénites liliputiens et en observant leurs mœurs singulières. Ce dont on peut s'assurer, conclut Flammarion à qui nous empruntons cette narration, par le document qu'un habitant de la Lune apporta le 30 février de l'an de grâce 1830 au bourgmestre Mynheer Superbus Van Underduck, président du Collège national des Rotterdamois.

Rappelons encore le bruit que répandit une petite brochure dans les derniers mois de 1839, que l'on avait frauduleusement signée du nom de Herschel fils, et dans laquelle on racontait fort maladroitement les inepties scientifiques les plus grossières au sujet de la Lune, dit encore Flammarion. D'après cet opuscule traduit du journal le *New-York American*, Sir John Herschel, qui venait d'être envoyé en mission au Cap de Bonne-Espérance pour des études astronomiques, aurait observé sur la Lune les spectacles les plus fantastiques, spectacles tels, selon les propres expressions de l'auteur anonyme, que la prose la plus habile ne saurait en faire une description exacte, et que l'Imagination, portée sur les ailes de la Poésie, pourrait à peine trouver des allégories assez brillantes pour les peindre ! Au sein des sites les plus pittoresques, on voyait de sombres cavernes, peuplées d'hippopotames, s'ouvrir au-dessus d'immenses précipices, et des forêts aériennes paraissant suspendues dans l'espace. De brillants amphithéâtres étalaient mille rubis au soleil ; des cascades argentées, des dentelles d'or *vierge*, ornaient de riches franges les vertes montagnes. Des moutons aux cornes d'ivoire paissaient dans les plaines, des chevreuils blancs venaient boire aux torrents, des *canards* (sic) nageaient sur les lacs ! Mieux que tout cela, les hommes de la Lune étaient de grands êtres ailés, de notre taille, et dont les ailes étaient membraneuses à la façon de celles des chauves-souris ; ces hommes-oiseaux voltigeaient par groupes de colline en colline, etc., etc. Toutes ces merveilles avaient été vues à 80 mètres de distance ! Cette mystification fit assez de bruit pour qu'Arago se soit vu contraint de la répudier au nom de l'Institut, dans la séance du 2 Novembre 1835. Mais elle portait en elle-même le cachet de son origine : entre autres impossibilités, l'auteur n'avait pas vu que tous les objets, animés ou autres, qui nous apparaîtraient sur la Lune, seraient vus en projection, comme ce que nous observons au bas de nous du haut d'une tour élevée ou d'un ballon !

Malgré l'intérêt du sujet, nous n'irons pas plus loin dans l'histoire du roman scientifique. Ces digressions s'éloignent un peu trop, en réalité, de l'esprit de notre ouvrage.

De ce qui précède nous pouvons néanmoins conclure que les divers phénomènes sensibles observés dans la Lune ont leurs équivalents dans le domaine intellectuel. La Mémoire est, de même que la Lune, une sorte de miroir où convergent les rayons de nos facultés, car elle nous donne les reflets de lumière provenant soit de la Raison, soit de l'Imagination, soit de l'Harmonie. Les points brillants sont les idées, les phénomènes qui ont le plus frappé notre Intelligence, et les points obscurs sont les choses qui ne nous ont que médiocrement ou faiblement affecté.

Une excellente Mémoire est, généralement, l'indice d'un assez faible jugement, car un esprit trop attentif à retenir ne réfléchit pas sur les choses qu'il apprend ; semblables à ces embouchures des fleuves par lesquelles passe une très grande quantité d'eau, et qui n'en conservent pas une molécule, elles acquièrent un poli luisant, comme l'homme de mémoire qui brille un instant : et c'est tout.

Un savant moderne, le Docteur Gustave Le Bon, donne de la Mémoire l'explication physiologique ci-après :

« Nous ignorons absolument, dit-il, la « nature des changements que les impres-

« sions sensorielles peuvent faire éprouver « aux cellules nerveuses ; mais il faut sans « aucun doute que ces modifications soient « profondes ; car la cellule, arrivée au terme « final de son existence, les lègue à la cellule « qui la remplace. Grâce à cette propriété « des cellules nerveuses de conserver les « impressions fournies par les sens et de les « représenter à l'esprit sous l'influence de « l'Attention ou de tout autre excitant con« venable, nous pouvons à volonté revoir « par la pensée les évènements passés, sou« vent aussi vivaces que lorsqu'il frappèrent « nos sens pour la première fois,

« La Mémoire sert à retenir non pas seu« lement les idées qui dérivent des sensa« tions, mais encore les mots ou les signes « qui, par des artifices de langage, sont « destinés à remplacer les sensations,

« La Mémoire permet aussi de se rappeler « des mots, sans que ces mots représentent « des idées bien définies. Cette mémoire des « mots est, en réalité, une mémoire de sons. « Rarement, comme l'avait déjà fort bien « remarqué Aristote, on la rencontre avec « une rare intelligence. C'est à cette faculté « utile, mais dangereuse, que sont dûs les « petits prodiges de nos collèges, les lau« réats des concours universitaires, les avo« cats qui dissertent indifféremment sur tout, « esprits superficiels habitués à ne considé« rer que la forme, aussi impuissants à réflé« chir profondément qu'à bien comprendre,

« La Mémoire est comme une plaque pho-
« tographique qui, si courte qu'ait été la
« pose, contient l'image de l'objet qui s'est
« trouvé devant elle. Si courte qu'ait été
« l'impression faite sur nos sens, il semble
« que les cellules nerveuses puissent tou-
« jours en garder la trace. »

Mais toutes les idées ne proviennent pas des sens, contrairement à ce qu'affirme une certaine école philosophique.

Les notions premières du Vrai, du Bien, du Juste, et les axiômes qui s'y rattachent, la notion de l'Infini, les principes de la Morale, du Droit, de la Religion, sont innés : l'éducation que nous recevons ne fait que les développer et les stimuler. C'est ce qu'ont reconnu le plus grand nombre des philosophes de tous les temps qui, d'accord sur le fond, ne diffèrent entre eux que par le nom qu'ils donnent aux notions innées. Platon appelle ces idées inhérentes à notre âme des *réminiscences d'une vie antérieure* ; les Stoïciens les appelaient *notions communes* ou *raisons séminales*. Chez les modernes, Descartes et Leibnitz les appellent *idées innées* ; Reid, *principes du sens commun* ; Kant, *formes de la Raison*, etc.

Or, tous ces principes de causalité, ces idées innées ne sont que les éléments de la Mémoire et du souvenir.

Quel est l'homme qui, retiré au fond de lui-même, pendant ses heures intimes de contemplation et de solitude, n'ait vu renaître à ses yeux tout un monde enseveli dans les replis lointains d'un passé mystérieux ? Quand, absorbés par une rêverie profonde, nous nous laissons aller à la dérive de l'Imagination, qui nous emporte dans le vague et l'infini, nous croyons apercevoir de magiques tableaux qui ne sont pas absolument inconnus à nos yeux ; nous croyons entendre des harmonies célestes qui ont déjà charmé nos cœurs. C'est là un phénomène du souvenir, un phénomène de la Mémoire. Aussi, le mélodieux auteur des *Harmonies* a-t-il pu écrire, sans crainte d'un contre sens, ces vers inoubliables :

« Borné dans sa nature, infini dans ses vœux,
« L'homme est un Dieu tombé qui *se souvient* des cieux. (1)

Quel poète a su, mieux que Goethe, tirer un effet meilleur du souvenir ? Son poème de *Faust* est, en ce genre d'idées, un chef-d'œuvre. La scène des cloches de Pâques dont le son subit mêlé à des chœurs d'anges et de fidèles frappe l'oreille de Faust, au moment où il se dispose à en finir avec une existence dont il ne comprend plus la signification ; il éloigne de ses lèvres la coupe fatale qui devait lui servir à saluer l'aurore nouvelle, et, revenant par la pensée aux années de son enfance, il se sent réconcilié avec la vie. A cette époque, l'harmonie majestueuse des cloches lui apportait de

---

(1) A. de Lamartine.

doux pressentiments, et la prière était pour lui une ardente volupté. Des désirs d'une incroyable douceur le poussaient à errer par les bois et par les champs, où, versant de chaudes et abondantes larmes, il sentait un monde s'agiter dans son cœur. Et maintenant, ces souvenirs, ravivant en lui les sentiments de son enfance, le retiennent au moment solennel où il va franchir le dernier pas. «Ah ! faites-vous entendre encore, cantiques pleins d'une douceur céleste ! s'écrie-t-il, mes larmes coulent, et la vie m'a reconquis.» Et les chants résonnent plus touchants que jamais.

Mignon a connu, elle aussi, les joies du souvenir. Sa mémoire lui rappelle, non pas confusément, mais bien distinctement « le *pays où fleurit l'oranger* » ; « *la maison où on l'attend là-bas* », elle, la pauvre fille enlevée par une bande de Bohémiens ; elle revoit « *la salle aux lambris d'or où des hommes de marbre l'appellent dans la nuit ;* et elle ne saurait oublier « *la cour où l'on danse à l'ombre d'un grand arbre* ! » —

Mais nous ne nous attarderons pas à exposer le fait même du souvenir : il existe par lui-même, et chacun de nous en fait journellement et à chaque instant l'expérience. Ce phénomène de la Mémoire suppose nécessairement un concours de facultés sans lesquelles il ne pourrait se produire ; et il en est de ce phénomène comme d'un nombre indéfini d'autres faits relevant du domaine de la Pathologie cérébrale et de la Physiologie normale, lesquels sont très complexes et nous sont inconnus ; mais ils sont tous régis par des lois mathématiques, échos de la mathématique extérieure du Cosmos.

CHAPITRE QUATRIÈME

4° Le Jugement. — Saturne.

« La Nature nous enseigne qu'elle a tout construit suivant les lois sérielles, écrit l'auteur de la *Pluralité des Mondes habités* (page 206); que son œuvre n'est pas un plan de créations coëternelles ou sorties du néant au même instant et dans le même état de perfection, mais bien une succession d'êtres plus ou moins avancés, suivant leur âge et suivant leur rôle. Elle nous enseigne que l'Harmonie n'est point constituée par une certaine quantité de notes à l'unisson, mais bien par des sons de degrés inégaux, sortis de la série des gammes ascendantes, et que les nombres, ces successions divines de l'ancienne Cosmogonie, ont été appliqués à profusion par le suprême Arithméticien. Et sa méthode est si incontestablement reconnue, qu'un des axiômes les plus invulnérables d'Histoire naturelle, c'est celui qui exprime cette grande loi des transitions : *Natura non facit saltum.* »

Devant cet enseignement unanime, n'est-il pas permis de prendre en main le fil d'induction, et de procéder, dans une sage et modeste mesure, du connu à l'inconnu? N'est-il pas permis d'interpréter cette parole si éloquente de la Nature, et de prendre en elle les éléments de solution qu'elle renferme ?

Certes, si, fermant les yeux sur l'état du monde, on veut prétendre que la Création n'est pas une; si l'on se permet d'avancer que les individus n'appartiennent pas à des genres, ces genres à des espèces, ces espèces à des ordres, et, de proche en proche, à un ordre général ; si l'on pense, envers et contre tous, que les êtres sont des entités isolées et qu'il n'y a point de Loi universelle ; la logique entraîne inévitablement à admettre comme conséquence : Que toutes les idées d'ordre, de plan, d'unité, n'existent qu'en nous mêmes ; que la Science humaine n'est qu'une illusion régulière ; qu'en d'autres termes, le monde et la Nature sont dépourvus d'ordre et de raison, et qu'il n'y a d'ordre et de raison que dans l'entendement humain !

De ces principes nous ne voulons pas tirer les conséquences qui ont signalé Fourier à la curiosité de ses contemporains. De ce qu'il y a une harmonie parfaite dans l'ensemble des mondes stellaires, nous ne prétendons pas que cette harmonie s'étende à des groupes d'*univers*, de *binivers*, de *trinivers*, de *quatrinivers*, pour nous servir des termes phalanstériens. Ce serait aller trop loin dans le domaine des spéculations et de la fantaisie.

La Science humaine tout entière, de l'Alpha à l'Oméga de nos connaissances, n'est que l'*étude des rapports.* Notre esprit cherche à connaître les rapports: c'est là tout ce qu'il peut oser. Chacune de ses conceptions se trouve au milieu d'une ligne qui se perd en haut et en bas, dans l'infiniment grand et dans l'infiniment petit. C'est dans la mesure de l'Infini que réside toute Science, et c'est de la comparaison des choses à une unité arbitraire prise pour base que résulte la valeur de nos connaissances.

C'est en nous pénétrant de ces idées que nous avons entrepris l'étude des rapports de similitude qui paraissent exister entre le monde intellectuel et le monde sidéral. Car, tout porte à le croire, l'ordre préside au Cosmos des intelligences comme au Cosmos des étoiles; le monde intellectuel et le monde céleste forment une unité absolue, et l'Humanité trouve ainsi sa place dans cette vaste hiérarchie des mondes de l'espace. Une telle théorie, qui établit, semble-t-il, *l'unité du plan divin*, n'est pas indigne de nos conceptions théologiques les plus élevées, et elle est digne de la majesté de la Nature : elle n'a, du reste, contre elle aucun argument péremptoire de Science ou de Philosophie. La cadence des étoiles, entrevue par Pythagore, fut réglée par Newton; mais Newton, comme Pythagore, s'inclina devant elle, sentant le poids de l'universelle Loi des Choses.

Un poète allemand, l'un des plus prodigieux porte-lyre du globe, — nous avons nommé Gœthe — n'a-t-il pas écrit ces mots, qui sont non seulement l'explication mais encore l'affirmation de notre théorie : « La « Nature, dit-il, est un livre qui contient « des révélations surprenantes, immenses, « dont les feuillets sont dispersés dans Ju- « piter, Uranus, et les autres planètes. » Il est incontestable, en effet, quoique que l'on dise, qu'il y a des rapports vrais, profonds, intimes, entre le monde qui pense et le monde qui se meut au-dessus de nos têtes. Nous centinuerons donc notre étude, trop heureux si par nos modestes travaux nous pouvons préparer, pour des esprits supérieurs au nôtre, une voie pleine d'observations et de richesses intellectuelles.

Nous avons successivent étudié la Raison, l'Imagination, la Mémoire : abordons aujourd'hui le jugemeut.

Le Jugement est la faculté qui compare et qui juge les idées. C'est lui qui sonde les différents côtés d'une idée pour en faire jaillir le rayon lumineux de Vérité qu'elle contient. Car la lumière de la Vérité est cachée dans les profondeurs de la Pensée, comme l'éclat du diamant dans les couches inférieures de la Terre. Or, pour être scrutée, la Pensée a besoin du Jugement, et cette faculté est comme le ciseau à l'aide duquel nous taillons l'idée.

Le Jugement suppose et nécessite le concours de plusieurs autres facultés. C'est ainsi que la Raison lui fait découvrir l'idée, que la Mémoire la lui rappelle et que l'Imagination l'éclaire.

Nous croyons qu'en assimilant cette faculté à Saturne, nous trouverons plusieurs traits de ressemblance, plusieurs rapports de parfaite similitude. Examinons plutôt.

Saturne présente un phénomène unique dans l'Univers : on le voit souvent au milieu de deux petits corps qui semblent lui adhérer et dont la figure et la grandeur sont très variables. En suivant avec soin ces singulières apparences, Huyghens a reconnu qu'elles sont produites par un anneau circulaire, arge et mince qui environne le globe de Saturne et qui en est séparé de toutes parts. Cet anneau tourne autour du même axe que Saturne et dans le même espace de temps. Il est isolé et laisse un espace vide entre l'astre et lui, espace à travers lequel on peut distinguer les petites étoiles. L'anneau lui-même est formé de deux ou plusieurs anneaux concentriques détachés l'un de l'autre, qui tournent ensemble, quoique séparés par un vide qu'on y aperçoit sous la forme d'une ligne noire et circulaire. Ajoutons à ce spectacle extraordinaire celui de *sept satellites* se mouvant d'orient en occident dans des orbes presque circulaires. Voilà Saturne,

« Placé à 364 millions de lieues du Soleil, dit Louis Figuier, le globe de Saturne est 734 fois plus gros que la Terre. Il met 30 ans à parcourir son orbite autour du Soleil. Son année est donc de 30 fois la nôtre. »

Saturne a des jours très courts. En 10 heures il tourne sur lui-même ; ses jours et ses nuits ne sont donc chacun que de 5 heures. Mais sept *lunes*, ou satellites, qui l'accompagnent, l'éclairent pendant les nuits et suppléent à la brièveté de ses jours.

L'obliquité de l'axe de rotation étant à peu près nulle pour le globe de Saturne, les jours sont toujours égaux aux nuits. Il y a *équinoxe* perpétuel, les climats sont constants, les variations de saisons à peu près nulles. Comme dans Jupiter, on trouve dans Saturne le printemps en permance.

Cette Constellation a, d'ailleurs inspiré nos plus célèbres poètes, et Victor-Hugo lui a consacré la description suivante :

« Saturne, sphère énorme, astres aux aspects funèbres !
Bagne du ciel ! prison dont le soupirail luit !
Monde en proie à la brume, aux souffles, aux ténèbres !
Enfer fait d'hiver et de nuit !

Son atmosphère flotte en zones tortueuses ;
Deux anneaux flamboyants, tournant avec fureur,
Font, dans son ciel d'airain, deux arches monstrueuses
D'où tombe une éternelle et profonde terreur.

Ainsi qu'une araignée au centre de sa toile,
Il tient sept lunes d'or qu'il lie à ses essieux ;
Pour lui, notre soleil, qui n'est plus qu'une étoile,
Se perd, sinistre, au fond des Cieux,

Les autres Univers, l'entrevoyant dans l'ombre,
Se sont épouvantés de ce globe hideux ;
Tremblants, ils l'ont peuplé de chimères sans nombre,
En le voyant errer, formidable, autour d'eux. »

Comme cet astre gigantesque, le Jugement se trouve enserré dans des anneaux qui évoluent sans cesse autour de lui et forment avec lui une seule et même chose, Ce sont : la *proposition*, la *copule*, et l'*attribut*, les trois parties fondamentales de tout jugement, suivant l'enseignement philosophique. Saturne a sept satellites, qui se lèvent parfois tous sur l'horizon, ou dont quelques-uns se montrent quand les autres se couchent. Le Jugement a, lui aussi, sept lunes qui l'accompagnent quelquefois simultanément, le plus souvent successivement : ce sont l'Attention, la Réflèxion, le Discernement, la Méthode, la Pénétration, la Logique et la Précision.

Notre but n'étant pas de faire ici un cours de Philosophie ni un cours d'Astronomie, nous ne nous étendrons pas davantage sur les éléments de ces deux Sciences que nous empruntons uniquement pour montrer les points de ressemblance qui nous paraissent exister entre le monde de l'espace et celui de la pensée. Il nous importe peu, en l'espèce, de savoir que le système de Saturne, qui est à la distance de 355 millions de lieues du centre commun des orbes planétaires, emporte dans une révolution de 30 ans, son globe majestueux qui surpasse le nôtre de 719 fois ; que ses anneaux immenses ont un diamètre qui ne mesure pas moins de 71,000 lieues et que ses satellites embrassent dans l'espace une étendue circulaire de plus de 2,600 milliards de lieues carrées. Nous laissons cette curieuse étude de côté, et renvoyons, pour les compléter, aux récents ouvages de Camille Flammarion, tous les amateurs de Science cosmographique.

CHAPITRE CINQUIÈME

5° Idées subites, Idées confuses, Comètes et Nébuleuses.

Il y a, dans toute intelligence, des Idées subites et des Idées confuses. Les premières sont assimilables à ces mystérieux météores, à ces comètes vagabondes qui traversent l'espace en un élan aussi brillant que de courte durée, pour aller ensuite se perdre dans les profondeurs insondables du Ciel. Les secondes peuvent être comparées à ces amas nuageux et diffus d'étoiles que l'on aperçoit en quelques portions de l'azur et que l'Astronomie comprend sous le titre générique de *Nébuleuses*.

Quelle est la nature et quel est le but des Idées subites, véritables éclairs intellectuels apparaissant un instant sur notre horizon intellectuel, venant des profondeurs ultimes de la pensée, et s'enfonçant, pour ne plus reparaître dans les abîmes de l'oubli?

Dieu a mis le sceau du mystère sur cette part de ses œuvres, comme sur plusieurs autres, et de son doigt souverain il a interdit aux philosophes de scruter cette énigme. « Vous n'irez pas plus loin ! » leur a-t-il dit ;

et le mur d'ombre s'est étendu sur les splendeurs créées, et comme le Soleil au temps de Josué, la marche en avant de l'esprit humain a été arrêtée au milieu de ses audacieuses investigations.

Nous devons donc nous abstenir du désir de tout connaître, de tout comprendre, de tout approfondir. Mais, nous pouvons, cependant, chercher dans les domaines du Ciel les similitudes correspondant à ces phénomènes de l'esprit.

Parmi les corps célestes dont la destination, l'état cosmique et l'existence nous sont un secret, mentionnons ces astres chevelus, aux traînées flamboyantes, hôtes mystérieux de l'espace, qui,errant d'un monde à l'autre, oubliant les distances, méconnaissent, pour ainsi dire, les limites des Etats célestes et franchissent impérieusement l'étendue dans leur course échevelée. Les Comètes, en effet, ou du moins quelques-unes d'entre elles, passent près de nous et restent captives sous le filet de l'Attraction solaire, tandis que certaines, semblables à de gigantesques cheiroptères ouvrant leurs ailes vigoureuses, se dégagent de tous liens et s'envolent dans les profondeurs de l'Infini. Que sont-elles ? Pourquoi sont-elles ? Ombres légères, vapeurs immenses, créations mobiles ? — Dieu le sait. Quel est le cercle de leur orbite ? Autre interrogation non suivie de réponse. Disons seulement, pour en donner une idée approximative, que la fameuse comète de 1811 emploie 3,000 ans à accomplir sa révolution, et que celle de 1680 n'achève sa révolution incompréhensible qu'après une course non interrompue de 88 siècles ; que le premier de ces astres s'éloigne à 13 milliards 650 millions de lieues (13,650,000,000) et le second à plus de 32 milliards (32,000,000,000) !

Or, les Comètes, perles splendides, enchâssées dans l'immense écrin de la Gravitation, sous les liens de la Loi universelle, s'élèvent ou descendent autour d'un centre invisible. Les unes reviennent parfois, à date fixe, sur notre horizon ; d'autres promènent leur chevelure semée d'étoiles dans nos régions solaires pour disparaître ensuite dans des abîmes insondables.

N'est-ce pas là, je le demande, l'image réelle de nos Idées subites, de ces rayons de notre intelligence qui, après avoir brillé plus ou moins longtemps dans notre orbite intellectuelle, véritables perles, glissent peu à peu pour aller ensuite se perdre dans les profondeurs inconnues ? Car, si quelques-unes reviennent, appelées par notre esprit, le plus grand nombre d'entre elles, ayant illuminé notre intellect, vont s'éteindre pour toujours dans le puits de la Pensée.

Toutes les Idées de l'homme, même les Idées subites, ne sont pas empreintes de la plus pure clarté ; toutes ne sont pas parfaitement nettes et ne suffisent pas à nous faire connaître les divers aspects d'une vérité. Ces Idées confuses, nous les comparons sans hésiter aux Nébuleuses.

Dans le langage astronomique, on désigne sous ce nom un amas diffus, nuageux, un assemblage de vapeurs qui flottent dans l'espace, une sorte de matière cosmique et lumineuse appelée à former un jour des mondes. Longtemps, les Nébuleuses furent considérés comme des taches vagues se transformant en un brillant pointillé. On sait aujourd'hui qu'elles sont le groupement d'une énorme quantité de soleils très rapprochés les uns des autres. Notre Soleil — et conséquemment la Terre avec les autres planètes — appartient lui-même à cette énorme agglomération d'astres semblables à lui qu'on nomme la *Voie lactée*, agglomération dont les couches équatoriales se projettent dans notre ciel sous la forme d'une vaste traversée lumineuse faisant le tour de la sphère étoilée dont il occupe une partie centrale.

Ces étoiles, par leur nombre excessif paraissent tellement rapprochées les unes des autres, qu'elles ne forment plus qu'un seul tout, une seule clarté vague et continue. Mais quand leurs dimensions et leurs distances viennent à être amplifiées par le télescope, cette clarté diffuse se transforme en un fond de petites étoiles.

Le rapprochement dont nous parlons n'est, d'ailleurs, qu'apparent; en réalité, le, étoiles qui forment les Nébuleuses sont séparées par des distances énormes.

Le lecteur n'attend pas de nous des descriptions techniques sur la nature, le nombre et le rôle des Nébuleuses dans le plan de la Création. Ce serait exiger plus que nous ne pouvons donner. Au reste, outre qu'il faut savoir se dispenser de la prétention de tout connaître, les illustres savants dont s'honore notre époque, les Louis Figuier et les Camille Flammarion (pour ne citer que les inspirateurs de notre œuvre) ont fourni dans leurs ouvrages des détails tellement merveilleux et complets que nous ne pouvons qu'inviter ceux que ces sortes d'études intéressent à s'y reporter.

Toutefois, nous ne pouvons résister au désir de citer textuellement ici ce que dit l'auteur des *Merveilles célestes* à propos des Nébuleuses.

« L'espace est parsemé de nébuleuses tellement éloignées de la nôtre, malgré l'étendue incommensurable qu'elles occupent chacune, que la lumière des soleils qui les composent ne peut arriver jusqu'à nous qu'après des millions d'années de marche incessante de 77,000 lieues par seconde, et que les instruments les plus perfectionnés ne nous les montrent que sous la forme de lueurs blanchâtres perdues au fond de cet espace insondable.

« Un certain nombre de ces nébulosités vagues sont formées par des agglomérations d'étoiles, dont chacune est un soleil, associées par milliers, par myriades : ce sont de véritables amas d'étoiles, des univers lointains, éloignés à d'immenses profondeurs. D'autres sont des nébuleuses réelles, composées de gaz, d'hydrogène, d'azote, de carbone, de vapeurs à une haute température, que le spectroscope a déjà analysés, univers en formation.

« De nouvelles créations s'ajoutent sans fin aux précédentes ; quand devant nous, atomes, on voit l'Infini s'entr'ouvrir..., on sent frissonner son âme au fond de l'être, et l'on se demande, avec une curiosité naïve et terrifiée, ce que c'est qu'un tel Univers qui grandit à mesure que nos conceptions s'étendent, et qui, lors même que nous épuiserions toute la série des nombres pour exprimer sa grandeur, se trouverait encore infiniment au-dessus, et envelopperait nos approximations tout entières, comme l'Océan fait d'un grain de sable qui tombe et se perd dans les eaux.

« C'est dans notre esprit que sont les bornes ; l'espace n'en saurait souffrir. Et quand nos recherches nous ayant conduit aux dernières limites des appréciations possibles, nous croyons connaître l'ensemble des choses, cet ensemble est plus grand encore, plus grand toujours, autant inaccessible aux conceptions de notre âme, que le monde sidéral était d'abord inaccessible à l'observation de notre vue.

« Les dernières nébuleuses que peut atteindre l'œil perçant du télescope, et qui sont perdues, pâlissantes et diffuses, dans un éloignement incommensurable, gisent aux limites extrêmes des régions visitées par nos regards, et semblent terminer à ces confins les célestes merveilles. Mais là où s'arrête notre vue, aidée même des secours les plus puissants de l'optique, la Création se déroule encore majestueuse et féconde, et là où s'abat l'essor de nos conceptions fatiguées, la Nature, immuable et universelle, déploie toujours sa magnificence et sa parure. »

Les étoiles qui composent les Nébuleuses sont quelquefois groupées de manière à former des figures régulières : des sphères, des ellipses plus ou moins allongées. Quelquefois la sphère est vidée au centre et forme un anneau.

Outre ces dispositions géométriques, on rencontre dans les Nébuleuses des dispositions tout à fait irrégulières et bizarres. C'est ainsi que dans la constellation du *Taureau*, il existe une Nébuleuse qui, vue au télescope, se résout en un amas d'étoiles offrant la curieuse forme d'une écrevisse ; et c'est même sous le nom de *Nébuleuse de l'Ecrevisse* que lord Ross l'a annoncé au monde savant. Comme ce crustacé, cette Nébuleuse présente des antennes, des pattes, et une queue figurées sur le fond noir du ciel par une traînée d'étoiles.

Les astronomes ont compté plus d'un million de Nébuleuses, dont pas une ne ressemble à l'autre. Il en est de doubles, d'associées ; il en est qui s'allongent en serpents, comme celle de l'*Ecu de Sobieski* ; d'autres sont disposées en spirales, etc., etc.

Les distances qu'occupent ces étoiles sont effroyables, si nous en croyons les astronomes, et épouvantent l'imagination. Quand on se dit que ces mondes innombrables doivent continuer plus loin encore et toujours de plus en plus loin leur évolution mystérieuse ; que de nouvelles agglomérations de Soleils doivent faire suite à celles que nous ne pouvons voir ni mesurer ; qu'ainsi les Soleils, les Terres planétaires et leurs satellites s'ajoutent les uns aux autres sans trève ni fin, on comprend que la Création soit vraiment infinie.

Et si nous considérons que ces bataillons sans fin de systèmes solaires ont chacun leur cortège obligé de planètes et de satellites ; que des Comètes flamboyantes viennent, par intervalles, traverser l'orbite de chaque monde et s'abîmer dans la fournaise ardente du Soleil ; qu'il y a des milliards de Soleils ; qu'il en est de doubles, de triples, de colorés ; que tous les mouvements de cette armée de mondes s'accomplissent avec un ordre parfait, sans se troubler mutuellement, nous serons obligés de reconnaître qu'il n'y a pas seulement l'infini par l'étendue, mais qu'il y a aussi dans l'Univers l'infini par l'ordre, par l'harmonie, par l'équilibre des mouvements et des lois.

De ce qui précède, il est facile de déduire l'analogie existant entre les Nébuleuses et les Idées confuses. De même que les Nébuleuses font partie du système sidéral, les Idées confuses font partie du domaine intellectuel. Comme les Nébuleuses sont peu accessibles aux recherches des curieux, à raison de leur éloignement, les Idées confuses ont une existence assez difficile à déterminer, à raison du vague qui les entoure. Si les Nébuleuses sont des points brillants, les Idées confuses, elles aussi, ont leur lumière propre, lumière plus ou moins appréciable, suivant les circonstances.

***

Ainsi se poursuit, et se complète notre étude ; ainsi s'affirme le paradoxe d'une similitude presque absolue entre le monde de l'espace et le monde de l'esprit.

Assurément notre travail est incomplet sous ce rapport et sous plusieurs autres. Nous n'éprouvons aucune fausse honte à en convenir.

Mais que le lecteur qui a eu la bienveillante patience de nous lire veuille bien ne pas oublier que l'essai comparatif que nous avons tenté n'a pas la prétention de faire autorité dans le monde des savants; qu'il est simplement l'œuvre d'un ami de la Science, et que, dans le travail par lui entrepris, il y a des lacunes. Ces lacunes, d'autres viendront les combler plus tard, sans nul doute. Pour l'instant, nous nous limitons à ce qui est fait.

Nous allons maintenant étudier, dans les pages qui suivront, quelles sont les Lois cosmiques qui régissent l'ensemble des systèmes planétaires, et nous nous efforcerons de démontrer que ce que nous nommons Attraction en langage astronomique, est ce que la Philosophie appelle la Logique ; qu'en un mot, les formules de Newton ont leur équivalent dans les lois intellectuelles.

FIN

DE LA PREMIÈRE PARTIE

SECONDE PARTIE

COSMOGRAPHIE DE L'ESPRIT

Lois Intellectuelles et Lois Cosmiques

CHAPITRE PREMIER

Observations Générales

« Il suffit d'observer avec attention l'état « actuel des esprits pour s'apercevoir que « l'homme a perdu sa foi et sa sécurité des « anciens jours; que notre temps est une « époque de luttes, et que l'Humanité in- « quiète est dans l'attente d'une Philosophie « religieuse en laquelle elle puisse mettre « ses espérances. » C'est par cette pensée aussi vraiment profonde que profondément vraie que le grand divulgateur moderne de la Science cosmographique, C. Flammarion, ouvre son savant ouvrage sur *La Pluralité des Mondes habités*. Qu'il nous soit permis, à notre tour, de commencer par ces mots la seconde partie de notre étude comparative des facultés et des lois intellectuelles avec les lois et les mondes stellaires.

Jadis, en effet, l'Humanité pensante était satisfaite par des croyances qui comblaient ses aspirations : nous devons constater hélas ! qu'il n'en est plus de même aujourd'hui. Des hommes sont venus qui lui ont arraché lambeau par lambeau les derniers vestiges de sa foi ; des vents critiques ont soufflé qui ont tari jusqu'à la dernière goutte les sources d'eau vive où elle venait tremper ses lèvres altérées, où elle se régénérait aux jours de défaillance. Le Scepticisme a tout envahi, depuis que les philosophes d'il y a un siècle l'ont inscrit en tête de leurs œuvres. Rousseau, écrivant son *Emile*, écoutait les premiers craquements de la Révolution prochaine ; d'Alembert rayait le mot *Croyance* du dictionnaire ; Diderot parodiait la Société avec son ami le *Neveu de Rameau* ; Voltaire (qu'on nous pardonne l'expression) tapait sur l'épaule de Jésus en lui donnant son congé.

De nos jours, nous voyons, à la tête des Sciences, des hommes qui nient arbitrairement l'existence de Dieu et qui, par système, éliminent ainsi la première des vérités. D'autres, dont l'autorité n'est pas moindre, n'admettent pas l'existence de l'âme et ne connaissent rien en dehors des mbinaisons chimiques. Voici une pléiade qui proclame ouvertement la question de l'Immortalité une question puérile, bonne tout au plus au loisir des gens inoccupés. En voici une autre qui ne voit dans l'Univers que deux éléments, la Force et la Matière. Aussi, depuis quelques années surtout, remarque-t-on un mouvement philosophique sur la nature duquel nul ne se méprendra. Quelques têtes d'élite, courbées et fatiguées par ce philosophisme négateur, se sont relevées, pleines des aspirations latentes qui restaient ensevelies, et le culte de l'Idée compte de nouveaux et fervents adorateurs. Les agitations politiques, les éventualités financières et l'indifférence de la plupart des hommes pour les questions en dehors de la vie matérielle, n'ont pas assoupi l'esprit humain au point de l'empêcher de songer encore de temps en temps à sa raison d'être. De toutes parts, des soldats de la Pensée se réveillent à l'appel de quelques paroles tombées de bouches éloquentes, et se rallient en groupes divers sous l'étendard de l'Idée.

C'est que l'homme, progressif de sa nature, ne veut par rester stationnaire, encore moins descendre ; c'est que le progrès auquel le portent ses tendances intimes n'est point une idéalité perdue dans un monde métaphysique inaccessible aux investigations humaines, mais bien une étoile rayonnante attirant à son foyer central toutes les pensées anxieuses du Vrai et altérées de Science.

C'est que l'Humanité n'a point encore atteint l'ère lumineuse à laquelle elle aspire ; qu'il faut des siècles de préparation lente et de pénibles labeurs pour arriver à la connaissance du Vrai; qu'il n'est pas de jour sans aurore, et que si l'époque présente resplendit sur celles qui l'ont précédée, par les grandes découvertes qui la caractérisent, c'est qu'effectivement elle nous annonce le jour.

Quel rapport, se demandera-t-on peut-être en lisant ce qui précède, existe entre la Philosophie religieuse et la Cosmographie intellectuelle, dont nous traçons l'étude ?

Pour juger sainement, il faut considérer l'ensemble, et non les détails ; le tout, et non la partie. Quoique la question que nous étudions puisse paraître aux uns d'une haute portée philosophique, mais entourée de mystères inexplicables ; quoiqu'elle ne soit pour d'autres qu'une fantaisie de curiosité attenante à la recherche vaine du Grand Inconnu, nous la regardons comme l'une des questions fondamentales de la Philosophie. Si nous parvenons à démontrer que l'Intelligence est un Ciel dont les facultés sont les mondes ; si nous établissons que les lois qui régissent l'esprit sont de la même essence que les lois de l'espace ; si nous prouvons qu'il y a ressemblance parfaite, similitude indéniable entre le monde intellectuel et celui qui se meut au-dessus de nos têtes, il deviendra évident que notre doctrine sera la consécration de la Science cosmographique, qu'elle sera la Philosophie de l'Univers. Oui, la Cosmographie doit être désormais la boussole de l'esprit humain, pouvons-nous conclure avec Flammarion, elle doit marcher devant lui comme un fanal illuminateur, éclairant les voies du monde. Assez longtemps l'homme est resté isolé dans sa vallée, ignorant de son passé, de son avenir, de sa destinée, dans un faux jugement sur la Création immense. Qu'il se réveille donc aujourd'hui, qu'il contemple l'œuvre divine et en reconnaisse la splendeur ; qu'il voie Dieu à la base et au sommet, au Nord et au Midi, à l'Est et à l'Ouest de toute la Nature ! Qu'il le reconnaisse comme la Cause première et la Cause dernière de toutes choses, contrairement au dire de Laplace qui le qualifiait *d'hypothèse* inutile; contrairement aussi aux savants disciples des écoles de Hégel, d'Auguste Comte, Littré et leurs émules ; malgré l'autorité de noms contemporains, qu'il est inutile de citer ! Car Dieu est l'*Alpha* et l'*Oméga*, le commencement et la fin, la cause et le but de toute l'œuvre créée.

Cette déclaration faite, nous entrons sans autre digression dans le sujet qui nous intéresse.

Nous avons, dans la précédente partie de notre travail, étudié nos principales facultés intellectuelles. Nous avons vu que l'Intelligence est une réunion de facultés, comme le Ciel est une réunion de systèmes stellaires. Destinée à nous faire découvrir la Vérité, elle comprend d'abord la *Raison* qui nous la fait remarquer, l'*Imagination* sans laquelle l'esprit resterait oisif, la *Mémoire* pour retenir les observations et leurs conséquences, le *Jugement* pour tirer des connaissances de ce qu'on observe. Toutes ces forces du Cosmos intellectuel ne sont pas isolées ; elles s'appuient l'une sur l'autre et doivent être cultivées simultanément. Or, pour cela, elles ont des lois qui leur ont été imposées et qu'elles doivent suivre. De même que les Constellations et les Planètes, auquelles nous les assimilons, ont leurs lois formulées dans la Science astronomique, nos facultés ont des lois rigoureuses qu'enseigne la Philosophie.

CHAPITRE SECOND

Lois de Képler

Copernic avait prouvé que la Terre tourne autour du Soleil, que toutes les planètes décrivent des orbites circulaires autour de cet astre, et que toutes les raisons alléguées en faveur de l'ancien système de Ptolémée n'avaient aucun fondement. Il fallait encore déterminer les lois suivant lesquelles les astres se meuvent les uns autour des autres. Les planètes tournant autour du Soleil, c'est dans le Soleil qu'il faudrait être pour observer les circonstances et les lois de leurs mouvements ; de même que nos facultés se mouvant autour de la Raison, c'est dans la Raison elle-même que nous devrions être afin d'étudier leurs lois.

Cependant, il y a des moments où la Terre est placée de telle manière que nous pouvons apercevoir et juger les choses comme si nous étions au centre même du système planétaire ; par exemple, quand une planète est sur la même ligne que le Soleil et la Terre. C'est en profitant de ces circonstances qu'on est parvenu à connaître toutes les lois des mouvements des planètes.

Képler, sans le secours d'aucun instrument, guidé par le calcul et par son puissant génie, découvrit ces belles lois qui lui ont justement mérité le surnom de législateur de l'Astronomie.

Il reconnut : 1° que les planètes décrivent autour du Soleil, non des cercles, mais des ellipses dont cet astre occupe un des foyers ; 2° que les aires des portions d'ellipse parcourues successivement par la ligne droite qui joint une planète au Soleil sont entr'elles comme les cubes des grands axes de leurs orbites. Plus la planète s'éloigne du Soleil, plus le mouvement se ralentit ; plus elle s'en approche, plus il s'accélère ; 3° que les carrés des temps périodiques des planètes sont entr'eux comme les cubes de leurs distances au Soleil ; ou, en d'autres termes, que les carrés des temps égalent les cubes des distances. D'après cette loi, quand on connaît le temps d'une planète, il suffit, pour trouver la distance, d'élever le temps au carré et d'en prendre la racine cubique.

Il nous a semblé indispensable de donner le sommaire de ces trois grandes lois de Képler, afin de les comparer à celles qui régissent le ciel de l'esprit. Les lois intellectuelles peuvent, en effet, se ramener à trois ordres principaux que nous désignerons sous ces noms : 1° *La Logique*, 2° *La Méthode*, 3° *l'Attention*. Nous les examinerons dans les pages qui suivront, en nous efforçant de reconnaître les points de parallélisme qui, selon notre système, doivent exister entre elles et les trois formules de Képler.

Avant de clore ce chapitre et avant d'aborder l'étude philosophique des lois intellectuelles ci-dessus énoncées, disons un mot de cette autre loi de la science astronomique, l'*Attraction*, dont l'immortel Newton a, de son côté, conçu, découvert et expliqué la formule

Une force mystérieuse, constate Flammarion, dirige autour de l'astre central le système solaire tout entier : Planètes, Satellites, Astéroïdes, Comètes, météores cosmiques, etc., enveloppant dans une même domination tous les êtres que le Soleil éclaire. C'est cette même force qui trace à la Lune l'orbite elliptique que cet astre décrit autour de notre globe, et qui entraîne dans une course perpétuelle les Satellites autour de leurs Planètes respectives. C'est cette force qui, sous le nom de Pesanteur, assure les pas éphémères de l'homme et du ciron à la surface de la Terre, la fuite du poisson dans les ondes, et l'essor de l'oiseau dans les plaines bleues. C'est elle qui, sous le nom d'Affinité moléculaire, dirige les mouvements des atômes dans les transformations invisibles du monde inorganique. Et, pour aller du plus petit au plus grand, c'est elle encore qui, dans les profondeurs incommensurables de l'étendue, préside aux révolutions lointaines des systèmes stellaires. C'est ainsi que, dans le sein de la Nature, tous les phénomènes s'enchaînent sous la puissance des Lois universelles, et que la même force qui soulève périodiquement les eaux de la mer écumante, sillonne de flamboyantes Comètes lesplai nes éthérées.

Tout le fondement de la science astronomique et mathématique est dans la formule de cette loi de *l'Attraction* que Newton définit ainsi : « *L'Attraction agit en raison inverse du carré de la distance et en raison directe de la masse* », c'est-à-dire qu'à une distance dix fois plus grande, l'*Attraction* est cent fois plus petite, et qu'une masse dix fois plus grande n'est que dix fois plus forte. De cette loi universelle de la Gravitation qui enchaîne, conserve et harmonise l'Univers, dérivent l'obliquité de l'écliptique, la précession des équinoxes, la nutation de la Terre, l'aberration des étoiles, le flux et le reflux de l'Océan, en un mot tous ces phénomènes restés longtemps inexplicables et contenus implicitement aussi dans les lois de Képler.

Or, cette loi de la Gravitation astronomique a son équivalent dans le domaine intellectuel. Les Idées gravitent, elles aussi, autour de la Vérité, et nos Facultés autour de la Raison, leur véritable Soleil. Les unes et les autres, Idées et Facultés, sont soumises à leur loi suprême, la Logique ; les unes et les autres ont une note à fournir dans le concert des choses créées, note sans laquelle le grand nom de l'Esprit par essence ne saurait être entièrement prononcé. Celles-ci sont fortes comme la voix des flots en courroux ; celles-là douces comme des murmures de ruisseaux ; les unes retentissantes comme des vents d'orage ; les autres calmes comme les brises du soir ; mais toutes, absolument toutes, sont subordonnées à l'harmonie des lois intellectuelles.

CHAPITRE TROISIÈME

LA LOGIQUE. — L'ATTRACTION.

« Les lois de la pensée ne sont pas moins invariables que les lois du monde matériel », a écrit Montesquieu. Cette parole de l'auteur de *l'Esprit des Lois* nous confirme entièrement dans l'idée qui nous a déterminé à tracer les lignes de ressemblance reliant le monde de l'espace à celui de l'Intelligence. Or, parmi les lois qui régissent les Facultés intellectuelles figure, au premier rang, la *Logique*. C'est la *Logique* qui nous fait écarter les suppositions, les systèmes que l'on emploie pour expliquer des choses qu'on ne connaît pas. C'est elle qui, pour prévenir l'abus des abstractions, fixe les Idées et les détermine. C'est elle qui s'assure des faits avant que d'en chercher les causes, et qui applique à chaque sujet la preuve qui lui est propre. De la pratique continuelle de ces règles naît l'esprit étendu, juste, logique, et un goût sûr.

Le lecteur n'attend pas de nous une longue dissertation philosophique sur la *Logique* considérée dans son essence et dans ses attributs. La Philosophie, du reste, n'a pas le même attrait pour tout le monde et n'est pas, à beaucoup près, si familière à tous les esprits, et si rapprochée de tous les goûts. Elle commande une attention plus laborieuse par le sérieux des objets, et ne la soutient pas par les mêmes agréments.

La Philosophie a le même caractère que la Poésie et l'Eloquence : elle est presque toute religieuse, c'est-à-dire appuyée toujours sur ces bases premières et universelles : la croyance d'un Dieu et l'Immortalité de l'âme immatérielle : Idées mères, dont les conséquences, pour les esprits justes et les cœurs droits, s'étendent infiniment plus loin qu'on ne le croit de nos jours, puisque, bien saisies et bien développées, elles vont jusqu'à la nécessité d'une Révélation. C'est en ce sens que la Philosophie entre dans toute Religion, et que la Religion entre dans toute bonne Philosophie.

Hors les athées et l'école positiviste, tout le monde convient que l'idée d'un premier Etre est le principe de toutes nos connaissances métaphysiques, comme elle est en même temps le fondement et la sanction de toutes les vérités morales, puisque, sans un Dieu, il ne peut y avoir dans les actions humaines de moralité réelle. Cette idée, que la *Logique* elle-même impose, est aussi la seule explication satisfaisante de tous les phénomènes physiques, puisque leur première cause est le mouvement, et que, de l'aveu de Newton, qui en a expliqué les lois, le mouvement en lui-même est inexplicable sans un premier moteur. Il s'ensuit que la vraie Philosophie est inséparable de l'idée religieuse, au moins de celle qui est, pour ainsi dire, le premier instinct des hommes les plus bornés, comme elle a été la doctrine des esprits les plus transcendants : de Platon, de Socrate, d'Aristote, de Cicéron, chez les anciens, et parmi les modernes, de Descartes, de Leibnitz, de Locke et de Fénélon.

Mais la curiosité est inséparable de la raison humaine, et c'est parce que celle-ci a des bornes que l'autre n'en a pas. Cette curiosité en elle-même n'est pas un mal : elle tient à ce qu'il y a de plus excellent dans notre nature ; car, s'il n'est donné de tout savoir qu'à Celui qui a tout fait, l'homme s'en rapproche du moins autant qu'il le peut en désirant de tout connaître ; et l'on sait que ce grand et beau désir a été, dans les Sages de tous les temps, le sentiment de leur noblesse et le pressentiment de leur immortalité.

C'est là, disons-le hautement, l'un des principaux attraits de la Science philosophique en général, et de sa loi principale la *Logique*, de pouvoir nous élever au-dessus des régions terrestres, de nous montrer les causes dont nous constatons les effets, et, de degrés en degrés, de nous découvrir la Cause première, la Cause des Causes, l'Infini en Sagesse comme en Puissance.

« Je pense; donc je suis, a dit Descartes; « si je pense, j'ai en moi l'intelligence, et je « ne me la suis pas donnée. Il y a donc une « Intelligence créatrice, et par conséquent « infinie : il y a donc un Dieu. »

Toutes les considérations qui précèdent peuvent paraître à quelques-uns absolument étrangères au sujet qui nous occupe. Nous allons nous efforcer de démontrer qu'elles ont, au contraire, une étroite connexité avec lui. En effet, dans le domaine de l'Intelligence, toutes nos Facultés gravitent autour de la Vérité, comme gravitent les mondes autour du Soleil ; et c'est la *Logique* qui, de même que l'Attraction soutient les sphères dans l'espace, soutient et conduit nos Facultés dans l'orbe du Vrai. Or, Dieu est la Vérité; la Vérité est la lumière ; la lumière est la vie.

« Malgré notre incapacité de le connaître, « dit encore Flammarion, nous affirmons « l'Etre suprême. Nous ne le comprenons pas « plus que l'insecte ne comprend le Soleil ; « nous ne savons ni qui Il est, ni comment « Il est, ni par quel mode Il agit, ni ce que « c'est que Sa prescience et Son ubiquité ; « nous ne savons rien, absolument rien de « Lui. Disons mieux : nous n'en pouvons rien « savoir, parce que nous sommes l'ombre « et qu'Il est la lumière, parce que nous « sommes le fini et qu'Il est l'infini. Sa splen- « deur éblouit notre trop faible rétine; sa « manière d'être est inconnaissable pour

« notre pauvre entendement; les conditions « de Sa réalité sont inaccessibles à notre « compréhension bornée, à ce point que nulle « Science ne nous paraît pouvoir nous éle- « ver à Sa connaissance. Il est vrai, selon le « mot célèbre de Bacon, que peu de Science « éloigne de Dieu et que beaucoup de Science « y ramène; mais il n'est pas vrai qu'une « Science ou une autre puisse jamais nous « faire connaître la nature de l'Etre incréé. « En un mot, Il est l'Absolu, et nous ne som- « mes, ne connaissons et ne pouvons con- « naitre que des relatifs. Il nous est formel- « lement interdit de nous créer une image de « Dieu; c'est une impossibilité inhérente à « notre nature même. Non, nous ne savons « rien de Lui; mais nous Le contemplons en « haut du fond de notre abîme, et la seule « pensée de Son éternelle existence nous « atterre et nous anéantit; nous Le voyons « clairement et distinctement sous toutes « les formes des êtres, nous entendons Sa « voix dans toutes les harmonies de la Na- « ture, et notre *logique veut une Cause pre- « mière et une Cause dernière dans les œu- « vres créées.* »

Le mot *Logique* tire son origine du grec : *Logos*, ce qui, en grec aussi bien qu'en français, signifie tout à la fois *la parole*, *la raison*, *le verbe*. C'est sous cette triple dénomination que Platon lui-même l'a employé dans les divers ouvrages qu'il a légués aux siècles futurs. Tous les anciens philosophes ont cru la matière éternelle et n'ont différé entre eux que sur la manière seulement dont s'était formé l'ordre universel des choses physiques qu'on appelle le Monde. Les uns l'ont attribué à une force motrice répandue partout et qu'ils ont nommé l'âme du monde; les autres, au mouvement même, qui, dans la succession des temps, avait dû opérer la combinaison des divers éléments suivant leur nature et leurs rapports; ceux-ci à tel ou tel élément en particulier, comme l'eau ou le feu, dont ils firent un principe générateur et conservateur; ceux-là à une sorte d'*Attraction* sympathique des parties similaires, et quelques-uns ont appelé Dieu le monde lui-même, le *Grand-Tout*, comme disaient les Stoïciens. Il serait superflu de répéter ici ce qui a été démontré tant de fois, combien toutes ces hypothèses sont absurdes et contradictoires en elles-mêmes, quoiqu'il n'y en ait pas une qui ne se retrouve plus ou moins dans les nouveaux traités de matérialisme, dont les auteurs n'ont paru rajeunir un fond d'extravagance usé depuis tant de siècles que parce que les dernières acquisitions de la Physique et de la Chimie les ont mis à portée de se servir de termes nouveaux pour reproduire de vieilles folies. Il était réservé à la *Logique*, c'est-à-dire, suivant la Philosophie de Platon, à la *raison* servie par le *verbe* ou la *parole*, de reconnaître Dieu pour la *Loi* suprême des mondes visibles et des mondes intellectuels. Du reste, il est à remarquer que les poètes, naturellement disposés à se rapprocher en tout des opinions communes, ont été beaucoup plus près de la raison que tous les fabricateurs de mondes dont nous parlions tout à l'heure.

Frappés, comme tous les hommes en général, de cette harmonie de l'Univers, qui montre à notre esprit une Intelligence souveraine, comme le Soleil montre le jour à nos yeux, les poètes de l'antiquité ont tous représenté les Dieux, non pas, il est vrai, comme créateurs, mais du moins comme ordonnateurs du Monde, et auteurs de l'ordre qui a remplacé le Chaos. Et l'on ne peut nier que cette espèce de Cosmogonie antique, chantée par Hésiode et Ovide, ne soit beaucoup plus sensée que celle des Thalès et des Anaxagore.

La *Logique* est la Loi principale de l'entendement humain. C'est elle qui dirige les Facultés intellectuelles vers le côté lumineux de la Vérité, objectif de tout esprit sincère. C'est elle qui, comme un phare avancé sur les mers, fait remarquer les récifs de l'erreur contre lesquels viennent échouer bon nombre d'intelligences. C'est elle qui conduit l'ensemble des Facultés de l'homme vers le Vrai, comme l'*Attraction*, cette loi des espaces, dirige et conduit les astres vers le but de la Création.

Nous venons de nommer l'*Attraction*, la première et la plus importante des lois sidérales, et, dans le précédent chapitre, nous en avons ébauché la formule, telle qu'elle avait été conçue, découverte et expliquée par l'immortel Newton. Nous n'ajouterons plus que quelques mots à cet égard.

De même que la *Logique* est la loi première de toute intelligence qui recherche le vrai, l'*Attraction* est la première des lois sidérales, car c'est elle qui dirige autour de l'astre central le système solaire tout entier. Nous pourrions même dire, à tout bien considérer, qu'elle est pour ainsi dire la seule loi des mondes, puisqu'elle enveloppe dans une même domination tous les êtres créés, et que, par voie de conséquence, les autres lois stellaires ne sont que des dérivés de cette loi principale. Il n'est pas jusqu'aux Comètes, jusqu'à ces astres chevelus aux traînées flamboyantes, jadis la terreur de tous, maintenant le hochet des curieux, qui ne soient dans l'absolue nécessité de subir l'*Attraction*. Leur origine, leur nature, leur fonction dans l'économie du système et leur but final nous sont inconnus.

Ce que nous savons sans conteste, c'est qu'elles sont soumises, ainsi que les Planètes, les Astéroïdes, les météores cosmiques, les Satellites, à cette grande loi de l'*Attraction* qui emporte toute cette mystérieuse armée d'étoiles dans son mouvement non moins mystérieux.

Nous avons dit que l'*Attraction* enveloppait dans une même domination non seulement les astres connus et ceux que nous ne pouvons que soupçonner, mais encore la Création elle-même toute entière. Nous allons le prouver en quelques lignes.

Le Soleil paraît être, selon la parole de Képler, ainsi que nous l'avons dit, page 25, un aimant gigantesque soutenant, par la seule loi d'une attraction réciproque, tous les autres mondes du groupe qu'il régit, un flambeau et un foyer permanent d'électricité, mettant en mouvement sur les mondes cet agent impondérable qui joue un si grand rôle parmi les forces en action dans notre système. Or, c'est autour de lui que la Gravitation universelle dirige le système solaire tout entier. C'est cette force, cette loi d'Attraction qui trace à la lune l'orbite elliptique que cet astre décrit autour de la Terre et qui entraîne comme dans une farandole perpétuelle les Satellites autour de leurs Planètes respectives.

Terminons enfin ce chapitre par une courte considération sur le poids des astres. « On s'étonne, dit l'auteur des *Merveilles* « *célestes*, que les astronomes puissent cal- « culer le poids des corps à la surface des « autres mondes. Pour donner une idée « dont on fait ce calcul, nous dirons que ce « poids dépend de la masse du globe et de « sa grosseur. L'Attraction qu'un astre « exerce sur les corps placés à sa surface « (c'est cette attraction qui constitue le « poids même de ces corps) est d'autant

« plus grande que l'astre possède une plus « grande masse, en d'autres termes, est plus « lourd ; mais cette Attraction est d'autant « plus faible que l'astre est plus gros ; elle « diminue en raison du carré de la distance « de la surface du globe à son centre. »

La densité des mondes et la pesanteur des corps à leur surface sont des éléments très importants parmi les analogies qui rattachent les diverses planètes à la Terre. Tous les êtres organisés sont constitués suivant cette pesanteur rapportée à leur genre de vie : une certaine somme de force corporelle leur est nécessaire à tous. Chez les animaux, cette force est en harmonie avec leur grosseur, leur poids, leur mode d'action et la quantité de mouvement qu'ils ont à dépenser dans les fonctions vitales ; de plus, elle est en rapport avec leurs besoins possibles. Cette même force est également nécessaire aux végétaux, afin qu'ils puissent supporter leur propre poids et résister aux chocs extérieurs auxquels ils sont exposés de toutes parts. Or, cette force corporelle, en corrélation avec la pesanteur, dépend en première cause de l'Attraction du globe.

« Le rapport qui existe entre la force et le « poids des animaux et des végétaux est « donc, conclut Flammarion, le résultat « d'une combinaison intelligente entre la « force des êtres organisés et la densité du « globe. »

De toutes les considérations générales qui

précèdent, on peut conclure aisément que l'*Attraction* exerce, sous les diverses dénominations que la Science lui donne, un pouvoir souverain dans la Nature entière. Rien de ce qui existe ne peut résister à cette loi, ni les mondes dans l'espace, ni les êtres créés sur la terre. Elle est dans le domaine astronomique et dans celui des choses visibles et invisibles à nos regards la Loi suprême qui courbe tout sous son niveau ; véritable image du symbole de Dieu, qui est la Cause première, l'Alpha de cette immense série de lettres de feu qui flamboient dans les nuits étoilées, le Créateur des mondes et des Esprits, de Dieu, Esprit par essence, Vérité, Vie et Lumière, ainsi que le dit Saint Jean : *« In ipso vita erat, et vita era lux hominum « et lux in tenebris lucet.* » Par la connaissance de cette loi de l'Attraction, le pessimiste ne renie plus le nom du premier des Etres, car il sait que toute chose a sa place marquée dans l'ordre de la Création, que l'Univers est complet par lui-même ; que la nature intellectuelle est intimement liée à la nature physique, qu'elles se complètent l'une par l'autre, et qu'ainsi elles sont l'expression vivante de la Pensée divine, du *Logos* de Platon.

CHAPITRE QUATRIÈME

La Méthode. — L'Harmonie.

Après la *Logique*, la *Méthode* est la plus importante loi de l'entendement humain. Une méthode est un mécanisme au moyen duquel un esprit médiocre doit pouvoir se développer. Comme toute espèce d'instrument, elle doit opérer vite et bien. Ce qu'il faut demander à la *Méthode*, c'est de faire pénétrer l'esprit jusqu'au cœur même de la Science, jusqu'à ces idées théoriques et centrales qui, seules, donnent aux connaissances de la consistance et de l'unité. Les efforts pour parvenir à cette profondeur sont salutaires et fortifiants, la peine et le travail ont leur récompense. Il y a une satisfaction infinie à bien comprendre ce que l'on sait, à le saisir au moyen des Facultés pensantes les plus relevées.

On distingue la *Méthode analytique et la Méthode synthétique*. La première exerce davantage l'activité, mais entraîne à des longueurs. La seconde ne stimule pas l'esprit de recherche, mais lui laisse un rôle passif.

Toutes deux ont leurs avantages salutaires sur l'Idée, en ce sens qu'elles facilitent et développent le bon sens.

Certains hommes, pour pallier leur indolence, disent que ce n'est pas de leur faute si la Nature leur a dénié les talents qu'elle prodigue à d'autres On peut leur répondre que très peu de positions sociales demandent, pour êtres bien remplies, des Facultés au-dessus du commun. Dans les emplois ordinaires de la vie, cette portion d'intelligence qui est échue à la masse du genre humain, suffit parfaitement quand on prend la peine de la cultiver. Le bon sens est la règle de toutes les vertus et de toutes les bonnes qualités, comme il est la règle de notre esprit. Il distingue l'homme raisonnable de celui qui ne l'est pas, le vrai savant de celui qui n'a qu'un savoir confus,la vertu de la superstition.

L'esprit de *Méthode* est aussi un esprit d'ordre. C'est un préjugé malheureusement répandu que l'esprit d'ordre n'appartient qu'aux âmes étroites. Aussi s'accuse-t-on, dans le monde, de manquer d'ordre, comme on s'accuse d'être trop bon, trop sincère, trop impressionable, avec cette présomptueuse humilité qui n'est qu'un appel détourné aux éloges. Il y a dans cette croyance une dangereuse erreur. On ne voit pas que, si, chez les gens ordinaires, l'esprit d'ordre se change en ridicules minuties, il faut en rendre responsables le caractère des gen et non l'habitude de tout mettre à sa place. Ce n'est pas celle-ci qui rapetisse les âmes ; ce sont, au contraire, les âmes qui la rapetissent en ne l'appliquant qu'aux petites choses ; mais le mauvais usage que certaines gens font d'une qualité ne prouve rien contre la qualité elle-même.

Loin d'être incompatible avec les lois de l'Intelligence, l'esprit d'ordre les facilite. Il établit dans notre entendement une sorte de service régulier de toutes nos Facultés, qui double la durée de chacune d'elles en ne les faisant agir qu'à son tour et en temps opportun. Mais c'est principalement sur le bonheur qu'il a une réelle influence. L'esprit d'ordre développe l'Intelligence, la Force, l'Activité et toutes les qualités qui nous aident à faire notre chemin dans l'existence, tandis qu'aucune de celles-ci ne peut nous en tenir lieu. Les dons naturels font arriver au succès, mais l'esprit d'ordre seul rend le succès profitable.

Or, cet esprit d'ordre si précieux et si désirable, ne peut nous être donné que par la *Méthode et la Logique.* L'habitude de réfléchir sur sa propre raison et sur sa conscience, d'interroger et d'écouter l'une et l'autre, est une suite nécessaire de l'étude et de la morale bien dirigée. La *Méthode*, ou l'art de réunir un grand nombre d'objets sous une disposition systématique qui permette d'en voir d'un coup d'œil tous les détails, telle est, avec la *Logique*, la grande loi de l'esprit.

La *Méthode*, loi intellectuelle, nous paraît avoir son équivalent dans les lois de l'espace stellaire Nous avons vu, dans les pages précédentes, que l'Attraction embrassait tous le système sidéral, et sous d'autres dénominations, tout l'ordre des choses perceptibles. La fixité absolue du soleil et des étoiles était un principe astronomique, au temps de Newton, paraissant hors de doute. Mais la Science ne s'arrête jamais. Des observations faites dans notre siècle ont prouvé que la fixité, l'immobilité du soleil n'est que relative. La vérité est que le Soleil, et avec lui tout le système de Planètes, d'Asroïdes, de Satellites et de Comètes, qu'il entraîne à sa suite, se déplace. Ce déplacement est très faible, sans doute, mais il est appréciable, et on a pu le mesurer. Notre Soleil paraît se diriger lentement, lui et toute sa famille planétaire, vers le point du ciel où se trouve la *Constellation* d'*Hercule*, et cela avec la vitesse de 62 millions de lieues par an, ou de deux lieues par seconde, ce qui représente, pour le chemin parcouru, une fois et demie le rayon de l'orbite terrestre. Le Soleil doit décrire une orbite qui comprend des millions de siècles. Mais ce qui est vrai pour le Soleil, doit être vrai pour les astres soleils, c'est-à-dire pour les étoiles. Ce mouvement général de translation qui a été constaté dans notre système solaire, les systèmes stellaires doivent y obéir également, et l'on sait, à n'en pas douter, que ces milliards de systèmes solaires qui sont suspendus dans l'espace infini, sont animés d'un mouvement qui les emporte avec plus ou moins de vitesse vers un point inconnu du Ciel. Or, rien ne nous dit que tous ces cercles ou ces ellipses tracés par les myriades de systèmes solaires n'aient pas un foyer commun, et que le foyer d'attraction auquel obéit, dans son déplacement, notre système solaire tout entier, ne fasse pas graviter, au même point, toutes les autres étoiles et leurs systèmes, comme la *Logique et la Méthode*, en s'unissant, en se coordonnant, emportent toutes nos Facultés intellectuelles et les dirigent vers le point central, qui est la Vérité.

« Au fond de la sombre caverne où nous « sommes, a dit Platon, la lumière nous est « inconnue et la Vérité nous est inacces- « sible ; nous sommes comme des aveugles- « nés qui parleraient du Soleil : l'ignorance « est notre partage.» Platon a dit vrai. C'est surtout quand nous abordons l'étude de ces grands phénomènes, de ces corps lumineux, de ces mondes vermeils aux théories sublimes, que nous nous rendons compte de notre faiblesse intellectuelle, de notre infime petitesse. Néanmoins, nous ne sommes pas bornés au point de ne pouvoir remarquer la loi d'*Harmonie* qui préside aux évolutions de ces globes, de cette armée de sphères gigantesques qui se meut dans le champ de l'espace infini sans se heurter, sans se dissoudre, sans troubler l'ordre de la Création toute entière. Cette hiérarchie harmonique des mondes sidéraux a inspiré les plus illustres philosophes et les plus célèbres poètes de l'antiquité et des temps modernes, et tous se sont plu à rendre hommage à cette loi de l'*Harmonie*, à cette loi qui soumet tous les mondes de l'espace, et avec eux la Terre. Car, nous ne voulons point être isolés du reste du monde, ainsi que le dit Flammarion ; nous ne voulons point être froidement assis au milieu du vide, et nous sentir étrangers dans cette immense Cité de la Création. Nos droits de citoyens sont inscrits au fond de nos âmes et sur nos fronts d'hommes ; nous sommes les enfants du Père céleste, et un attrait mystérieux nous pousse à conconnaître le Ciel. Voilà pourquoi nous suivons les lumineux chemins qui y conduisent ! Voilà pourquoi nous cherchons à connaître la nature, l'essence, les attributs et les lois de ces globes de feu qui sillonnent ces chemins ! Voilà pourquoi nous nous efforçons, avec les ailes de la Foi et de la Science, d'aller toujours plus haut, toujours plus loin.

L'esprit et la matière, l'âme et le corps, l'Intelligence et l'Univers, tout cela est l'œuvre du Créateur souverain ; aussi, soupçonnons-nous, et non sans raison, que des liens réels, profonds, intimes, dont la nature nous échappe, les relient les uns aux autres ; que les mêmes lois les régissent ensemble, lois générales, lois absolues ; que celles qui s'exercent sur les corps ont leurs équivalents sur les âmes, et que les lois de l'espace s'appliquent aux intelligences.

« Il y a plusieurs demeures dans la maison de mon Père », a dit le Christ ; c'est-à-dire que rien ne nous est étranger dans le monde, et que nous ne sommes étrangers à aucune créature. Ce n'est pas seulement l'attraction des mondes qui constitue leur unité ; ce ne sont plus seulement les principes universels de la Vérité qui établissent des liens indissolubles : c'est une loi plus grande, c'est la loi divine de la famille. Nous sommes tous frères : la vraie patrie des hommes, c'est le Ciel. Et le Ciel nous attire sans cesse, et c'est vers lui que nous nous tournons, comme la plante vers le Soleil. Ce Ciel que nous admirons, dont nous subissons les lois, ce véritable Ciel ne nous raconte pas seulement la gloire de Dieu ; (1) il montre l'œuvre divine elle-même s'exécutant en notre présence, l'*Harmonie* qui préside aux mouvements, aux évolutions des mondes, comme l'esprit de *Méthode* préside dans toute son intelligence ; l'*Attraction* qui fait mouvoir les globes de l'azur dans l'espace

---

(1) « *Cœli enarrant gloriam Dei et opera manuum ejus* « *annuntiat firmamentum.* »

PSAUMES DE DAVID.

infini, les soutient et les dirige vers la *Constellation d'Hercule*, comme la *Logique* soutient et dirige les Facultés intellectuelles vers la Vérité.

Ainsi se complète le grand cercle de la Nature, cette chaîne de l'activité vitale qui relie tous les êtres pensants en une seule famille, la famille humaine, laquelle s'achemine, par les chemins étoilés, vers la maison du Père suprême. Car loin d'affirmer que tout est fait pour l'homme, il faut proclamer que l'Univers est un tout continu, une chaîne non interrompue dont l'espèce humaine n'est qu'un anneau. Il faut reconnaître que la Terre n'est qu'un grain de sable perdu dans l'incommensurable étendue ; la Terre, qui fut notre berceau et qui sera notre sépulcre, nous emporte dans un mouvement mystérieux et ascensionnel et sous l'influence des lois d'Attraction, d'Harmonie et d'Unité qui régissent tous les mondes, vers le but fixé par Dieu, et que les lois qui président aux sphères de l'espace s'appliquent aussi aux évolutions intellectuelles.

Loin de nous, certes, la pensée de vouloir ériger en principes nos points d'observation philosophique et cosmographique ! Nous l'avons dit, et nous ne cesserons de le répéter. Simple ami des Sciences, nous ne prétendons pas devoir faire autorité dans l'aréopage des savants : nous avons voulu rechercher les similitudes plus ou moins apparentes paraissant exister entre le ciel de l'Intelligence et le Ciel visible, et nous avons été guidé dans cette étude par l'éclat de cette vérité : Que l'œuvre de Dieu est *une*. La machine du monde marche par le fonctionnement d'une multitude de rouages qui mutuellement s'appellent et se répondent avec une parfaite harmonie, de même qu'un esprit bien équilibré fonctionne et se développe grâce à l'harmonie et à l'équilibre de ses Facultés Mais de même qu'une montre n'est qu'un composé d'un certain nombre de rouages s'enchevêtrant les uns dans les autres, l'Univers n'est qu'une réunion d'êtres marchant par gradation vers le but de la Création. La manifestation absolue de Dieu, dont l'étude pourrait nous mener à la Vérité, c'est l'ensemble du monde, c'est le chœur universel des êtres.

Notre étude comparative des phénomènes et les lois de l'Intelligence avec les phénomènes et les lois de l'espace peut sembler à plusieurs de la pure fantaisie ; elle peut apparaître comme une théorie sans consistance, sans moyen d'application possible. Toute manifestation de la pensée étant libre, nous répondrons par l'exemple d'une autre comparaison :

A l'époque où l'illustre docteur allemand Gall exposa son système sur la Phrénologie, il se trouva une quantité de philosophes et de moralistes pour déclarer sa théorie impossible, inexplicable. On discuta beaucoup pour et contre, et l'on finit par n'y plus songer, faute de pouvoir donner une bonne théorie dans les idées de la Philosophie ordinaire. On jugea plus simple et plus court de fermer les yeux sur les travaux du savant que de chercher à les expliquer. A la vérité, Gall a commis quelques erreurs de détail : c'est, malheureusement, ce qui arrive à tout innovateur, à tout fondateur d'une idée nouvelle qui ne peut achever, à lui seul, une œuvre sans précédents. Mais ses successeurs ont fait disparaître les tâches, les défectuosités du système, et, bon gré, mal gré, on est aujourd'hui forcé de reconnaître que la théorie de Gall est exacte. Il est, en effet, certain que le crâne de l'assassin, notamment, offre les développements anormaux désignés par Gall, et que, selon la doctrine de l'anatomiste allemand, les sentiments d'affection, d'amour, de cupidité, de discernement, etc., peuvent se reconnaître au dehors par les reliefs de la lame osseuse du crâne humain. De leur côté, les moralistes classiques se sont demandés si un homme qui porte sur sa tête les bosses du meurtre est responsable de son crime, s'il est en possession de sa liberté, et s'il est aussi coupable qu'on le pense quand il obéit aux penchants cruels que lui assigne la marâtre Nature. Il semblerait donc qu'il y ait injustice à punir l'assassin. Le même raisonnement, les mêmes incertitudes se dressaient pour les hommes vertueux. Devait-on savoir beaucoup de gré à l'homme exact à remplir ses devoirs, au citoyen consciencieux et fidèle, à l'individu honnête et bon si, dans sa conduite, il n'a fait qu'obéir aux bonnes impulsions que lui ont tracé d'avance son organisation physique et la structure de son crâne ! Barbarie de la Société qui punit les coupables, absence de mérite pour l'homme vertueux, tout cela était fâcheux et pénible à admettre. On se tira d'embaras en rejetant la Phrénologie.— Aujourd'hui on a raisonné avec plus de sang-froid, avec moins de passion qu'à l'origine. On a compris que l'âme avait la priorité sur le corps et que le cerveau était pétri par l'âme conformément à ses propres aptitudes ; que l'enveloppe osseuse du crâne, qui se moule sur la substance cérébrale contenue dans sa cavité, reproduisait et exprimait au dehors ces marques, ces signes des facultés prédominantes. Il n'y a donc plus à excuser le meurtrier ; il n'y a plus à lui épargner le juste châtiment de son crime. Ce n'est pas parce qu'il porte sur son crâne des protubérances particulières que le meurtrier a trempé ses mains dans le sang de ses victimes. Ces protubérances ne faisaient que déceler au dehors, comme pour l'avertir lui-même et l'inviter à s'en corriger, les penchants vicieux et mauvais qu'il avait apportés en naissant. Ainsi, ni la Société, ni Dieu n'étaient en cause avec la Phrénologie. Et maintenant, le système de Gall a fait son chemin ; s'il ne fait pas autorité complète dans le domaine scientifique, il y est pris en sérieuse estime, et on y a recours à l'occasion.

Telle est, du reste, la destinée de tous les systèmes. Rejetés, honnis, chassés, méprisés à leur origine, ils font peu à peu, insensiblement, leur trouée, et finissent par s'imposer. Ce qui n'était qu'une théorie devient à la fin un fait acquis, et le droit de cité lui appartient.

Pour nous, qu'aucune ambition ne possède, que nulle prétention ne fait agir, nous nous bornons à exposer nos vues purement et simplement, convaincus que nous sommes que le plan de la Création divine est *un*, et que tout est coordonné vers ce but : le monde intellectuel et le monde sidéral.

CHAPITRE CINQUIÈME

L'Attention. — L'Unité.

Pour avoir l'idée d'un objet — réalité tangible ou vérité purement intellectuelle — il faut se faire de cet objet dans son esprit une image ressemblante et réfléchir sur cette image. Plus l'observation aura été attentive et complète, plus l'image de notre esprit est ressemblante et fidèle, et par conséquent plus l'idée en est juste et exacte. Or, pour bien observer un objet, il faut l'examiner avec attention, non seulement dans son ensemble, mais encore dans ses détails et sous ses divers aspects.

C'est donc par l'*Attention* que l'on acquiert les idées ; les enfants et les hommes les plus attentifs et les plus réfléchis sont ceux qui amassent le plus de connaissances et qui acquièrent le plus d'idées. Sans l'Attention, les objets ont beau frapper nos sens et notre esprit : ils ne font sur nous aucune impression et ne laissent aucune trace dans notre intelligence. La puissance d'acquérir des idées dépend donc de l'Attention, comme l'Attention dépend elle-même de notre Volonté. Pour être attentif, en effet, il faut le vouloir fortement, mais pour peu que l'effort se répète, il coûte graduellement moins de peine, et l'Attention finit par devenir une habitude de l'esprit.

L'*Attention* est une source d'idées intarissable, précieuse, et dont on ne saurait trop recommander la culture et la pratique aux intelligences qui veulent se former aux voies de la Science.

Cette loi du domaine intellectuel s'exerce avec pénétration et sagacité, suivant le dégré plus ou moins profond d'observation, ou le plus ou moins de prestesse de conception. On paraît doué d'une très grande pénétration, lorsqu'ayant longtemps médité et ayant présents à l'esprit les objets qu'on traite le plus communément dans les conversations, on les saisit et les pénètre avec vivacité. La seule différence entre la pénétration et la sagacité, c'est que cette dernière suppose plus de rapidité dans la conception et des études plus récentes des questions sur lesquelles on fait preuve de sagacité,

On ne saurait trop inculquer aux jeunes qu'il y a une sorte d'intempérance dans l'étude, comme dans l'usage des aliments ; qu'un homme qui s'occupe à parcourir avec avidité un grand nombre de volumes sans apporter toute son attention, ressemble au voyageur qui passe dans des contrées fort étendues, sans connaître ni les mœurs ni les lois des peuples ; que la foule des livres ne fait que charger la mémoire, sans laisser rien de solide ; qu'il faut donc bien étudier, bien méditer ce qu'on apprend, en faire l'analyse et même une sage critique. Ces réflexions, ces discussions sont très-propres à former le goût, l'esprit et le cœur des jeunes et à leur donner pour les Sciences le plus grand attrait.

Des considérations générales qui précèdent, on peut conclure que l'*Attention* est une loi importante de l'entendement, puisque, grâce à elle, il nous est permis d'embrasser l'*Unité* du domaine intellectuel et de tout ce qui s'y rattache.

L'*Unité*. — Plus un ouvrage est *un*, plus il nous attache, plus il est beau. Car notre Pensée est renfermée dans des bornes étroites, et notre cœur lui-même ne peut partager nos affections sans les affaiblir. Mais si l'unité contribue puissamment au mérite d'un ouvrage, la variété lui est également nécessaire, car l'esprit se lasse de tout ce qui est fini. Or la variété prévient cette latitude de l'esprit en faisant succéder un objet à un autre, et c'est à l'*Attention*, loi intellectuelle, qu'incombe le soin de combiner l'*Unité* et la variété dans les phénomènes de l'esprit.

La grande *loi d'Unité* a présidé également, et préside toujours, à la transformation des mondes, et c'est elle aussi qui dirige toutes les opérations de la Nature. Nous constatons en effet, cette loi d'unité partout. C'est elle qui donne à chaque espèce de minéral des figures géométriques similaires, comme à chacun des globes sidéraux les mêmes formes et les mêmes mouvements; c'est elle qui groupe dans l'espace un système de mondes autour du Soleil, comme dans le sein de la matière dense un assemblage de molécules simples autour de son centre d'affinité. La *loi d'Unité*, c'est elle qui a construit le système artériel, le système osseux de l'homme et des animaux sur le même modèle que les feuilles des plantes et les ramifications des arbres. C'est elle qui fait que chacun des êtres concourt à la fin de la Création, que rien n'est isolé dans l'économie universelle, et que les exceptions pami les êtres sont des monstres dans l'ordre naturel.

Prenons un exemple de cette loi dans les phénomènes de la Nature, tels qu'ils se manifestent sur le globe que nous habitons. Les *saisons*, par leur similitude avec tous les phénomènes vitaux, nous montrent jusqu'à l'évidence la plus absolue l'*Unité* du plan divin.

« On sait, dit Flammarion, que l'inclinai-
« son des axes de rotation des sphères
« célestes sur le plan de leurs orbites res-
« pectives est la cause astronomique de la
« différence des saisons, des climats et des
« jours. » Or, sur notre monde, les fonctions de la vie sont intimement liées à sa condition astronomique. La nature végétale, qui sert de base à l'alimentation des animaux et

de l'homme, se renouvelle selon le cours des quatre saisons. A la suite de l'hiver qui représente une période de sommeil (sommeil apparent pendant lequel s'accomplit un grand travail d'élaboration cachée), le printemps voit la renaissance des êtres et mesure leur jeunesse. L'été fait succéder les fruits aux fleurs; l'automne les mûrit et en permet la récolte. Et invariablement, chaque année, nous assistons à ce spectacle de la Nature subissant ses transformations variées suivant l'ordre fixé par Dieu. Et c'est une loi unique se manifestant sous des formes diverses quatre fois pendant le cours d'une période annuelle.

Saint Mathieu parle d'un grain de *sénevé*, c'est-à-dire d'une graine d'arbre, qui, jetée en terre, donne une plante herbacée, puis un arbre aux majestueux rameaux; et il s'étonne de voir cette chétive graine produire cet hôte imposant de nos forêts qui, tout chargé de fleurs et de fruits, étale sa beauté au sein de la Création, et donne sous ses ombrages un asile aux oiseaux fatigués. Non seulement il n'y a, dans cet arbre immense, rien qui rappelle l'humble graine, d'où est sorti le grand végétal, mais il n'y a pas dans l'arbre un seul atôme de la matière qui avait primitivement composé la graine. Ce n'est rien, en apparence, que cette graine d'arbre, cette petite et froide semence, sans arôme ni couleur. Rien ne la distingue du fétu qui l'avoisine. Cependant elle contient ce levain mystérieux, cet être sacré, pour ainsi dire, qui s'appelle un germe. Et sous l'influence des saisons, ce grain de *sénevé* devient une *plantule* qui respire ; un *bourgeon* qui grandit et se fait jeune plante ; un *taillis*, c'est-à-dire l'adolescent du règne végétal. En cet état, la plante a déjà renouvelé plusieurs fois toute sa substance. Attendez quelques années, et la tige principale du taillis, après avoir été débarrassée des pousses voisines par la main de l'homme, vous la verrez s'allonger et grandir. Pendant cette croissance, pendant ce passage de l'arbrisseau à l'état de jeune arbre pourvu d'une tige unique et élancée, un être nouveau s'est formé. Des organes qu'il n'avait pas lui sont venus et en ont fait un individu particulier. Il a des fleurs, il a des bractées, il a des vaisseaux nouveaux pour la circulation de la sève et des sucs qu'il n'avait pas encore élaborés. C'est bien autre chose encore quand le jeune arbre est devenu adulte ; quand, par les progrès des ans, son tronc s'est endurci et s'est incrusté de fortes épaisseurs de couches d'écorces accumulées ; quand ses branches se sont multipliées à l'infini ; quand la floraison et la fructification ont profondément modifié toutes ses parties internes et externes. C'est, alors, le chêne imposant, qui couvre de son bienfaisant et majestueux ombrage une étendue considérable du sol, le chêne superbe qui étale au loin ses rameaux robustes et noueux.

Où est, conclut saint Mathieu, cette graine de sénevé qui, autrefois, pompait obscurément les sucs de la terre ? Tout a changé : le lieu d'habitation (car le milieu c'est l'air et non plus la terre), la forme et les fonctions physiologiques. Et non-seulement tout a changé, mais cela a changé un grand nombre de fois.

Cependant, ô mystère! ô nature! au milieu de tous ces changements, malgré cette continuelle succession d'êtres qui se sont mutuellement remplacés, il y a quelque chose qui est resté immuable, qui n'a jamais changé, qui a conservé son individualité constante : c'est la force secrète qui produisait tous ces changements, qui présidait à toutes ces mutations organiques : c'est la *loi d'unité* s'appliquant aux végétaux comme aux animaux, comme à l'homme, comme aux mondes.

Car ce qui est vrai pour la nature végétale l'est aussi pour les autres règnes de la Création, et surtout pour l'homme qui les résume. Sa gestation dans le sein de la mère, gestation soumise à de nombreux travaux d'élaboration mystérieuse, équivaut à l'hiver qui précède le printemps. Puis, le germe embryonnaire devient enfant ; l'enfant, par des gradations successives, devient adolescent: c'est le printemps qui présage l'été. Le jeune homme a franchi les bornes de la jeunesse : il s'est élancé, fort et vigoureux dans la carrière de la vie. Il perfectionne son âme, son intelligence, en même temps que son corps se développe et se fortifie : l'arbre se garnit de fleurs et promet des fruits abondants Mais quand le rayon de l'été a mûri les fruits — quand l'homme a atteint son degré suprême de force vitale — les fruits s'entr'ouvrent, les graines s'en échappent et tombent sur le sol. « *Filii tui sicut novellae olivarum* (1) », a dit le prophète David ; les enfants se pressent, nombreux comme les fruits d'oliviers. Et la loi de la Nature s'est accomplie, et les saisons de la vie se sont écoulées, comme s'écoulent celles du monde visible.

Cette grande loi qui soumet à son niveau d'unité les êtres qui peuplent le globe terrestre, nous la retrouvons encore, dans le domaine de l'espace infini. Là-haut, comme chez nous et en nous, les transformations perpétuelles de la Création s'effectuent sans qu'il nous soit possible de les étudier ni de les connaître. Des mondes naissent, vivent et meurent ; des soleils s'allument ou s'éteignent ; l'œuvre de Dieu s'accomplit ; nous, nous sommes emportés comme eux dans l'éternel abîme, sans rien savoir. Telles étoiles diminuent d'éclat, telles autres augmentent ; les unes apparaissent subitement, brillent de l'éclat le plus intense, et disparaissent pour ne plus reparaître ; les autres se heurtent dans les plaines du Ciel et dispersent leurs débris dans les champs étoilés. Il y a un plan et une unité dans l'infini de l'espace : nous

(1) Psaume 127.

le sentons, nous le concevons, mais nous ne pouvons l'expliquer. Ce plan et cette unité ne sont pas ceux que conçoivent les hommes, car l'œuvre de la Nature s'accomplit souvent par des voies cachées, qui resteront peut-être inconnues. Il faut se défendre de l'ambition de tout expliquer. L'explication absolue est interdite à la faible portée de notre impuissance quand il s'agit de rendre compte avec rigueur des phénomènes les plus simples. Du reste, quelle est, dans cet ordre d'idées, la cause connue des choses que nous voyons ? Quelle est la véritable cause de la chûte des corps, de la Gravitation des astres, de la Chaleur, de l'Electricité ? Quelle est la cause du battement de notre cœur, de la circulation de notre sang ? « L'obscurité la plus profonde, dit Figuier, « couvre les causes de ces phénomènes, « dont nous sommes les témoins chaque « jour ; et plus nous voulons pénétrer leur « secrète essence, plus les ténèbres s'épais- « sissent dans notre esprit. (1) »

C'est pourquoi les physiciens ont posé, depuis Newton, un sage et excellent principe. Ils sont d'accord pour étudier avec soin les lois des phénomènes physiques, pour mesurer les effets de la Chaleur, de la Lumière, de la Pesanteur, mais aussi pour négliger complètement la recherche des causes essentielles de ces phénomènes. Imitons

(1) Le lendemain de la Mort.

ces savants, et bornons-nous à relater, à constater que la *loi d'unité* qui régit les esprits et les trois règnes de la Nature exerce aussi son influence dans le domaine des Cieux étoilés.

« Il y a en mathématique, dit Flammarion, « une théorie nommée la *théorie des limi-* « *tes*. Cette théorie enseigne et démontre « qu'il y a certaines grandeurs vers lesquel- « les on peut marcher sans cesse, sans ja- « mais pouvoir arriver jusqu'à elles. On « peut en rapprocher indéfiniment, d'une « quantité moindre que toute quantité don- « née ; mais, quant à les atteindre, jamais. « Celui qui, s'étant initié à la nature des « *nombres*, essayerait de peser cette théo- « rie, d'en approfondir le sens intime et de « l'appliquer à l'ensemble du monde, verrait « soudain se dresser devant lui un amphi- « théâtre gigantesque, dont les degrés se- « raient sans fin. Cet amphithéâtre, ce se- « rait la hiérarchie des mondes : la *limite* « d'en bas, ou l'origine, serait perdue au « fond des degrés inférieurs; la *limite* d'en « haut, ou la perfection absolue, serait éga- « lement inaccessible : entre ces deux limi- « tes s'élèveraient les êtres dans leur marche « infinie (1). » Nous ne pouvons nous livrer à cette sublime contemplation qui doit donner une idée approchée de l'incompréhensible infinitude de la Création. D'autres vien-

(1) La Pluralité des Mondes habités.

dront après nous, nous osons l'espérer, qui tenteront cette étude, et livreront à leurs contemporains une partie de ces secrets cachés sous le manteau des nuits.

*
* *

Arrêtons-nous là.

Nous avons essayé de démontrer que le domaine intellectuel et le domaine des Cieux étaient placés sous la règlementation de lois absolument semblables, bien qu'elles soient dénommées par d'autres appellations. Nous nous sommes efforcé de trouver dans les Facultés de l'esprit des points de comparaison avec certaines Constellations. Assurément, ce travail est incomplet. Du reste, pourrait-il en être autrement? On daignera nous rendre cette justice que nous n'avons pas tenté de faire œuvre de savant ni de philosophe, et notre travail n'a de méritoire que l'excellence de l'intention. Nos recherches, nos études nous ont conduit à reconnaître que le plan divin (qu'il s'exerce sur le domaine de l'esprit, ou bien qu'il embrasse le monde de l'espace), est un plan *unique;* que le monde de la Pensée et les mondes stellaires sont fondus dans le même moule, et qu'ils font partie de l'héritage du Père céleste.

Certes, l'Humanité grandit, la Science se développe, le voile d'Isis est soulevé, et Uranie n'a plus de secrets. De nouvelles générations surgissent, apportant avec elles de nouvelles puissances d'enthousiasme, une nouvelle vigueur d'action, et c'est avec amour que nous saluons la jeunesse qui prépare l'aurore du vingtième siècle. Grâce aux travaux et aux veilles de quelques hommes d'élite, les connaissances que nous possédons aujourd'hui sont immenses ; nous avons fait des pas de géant dans l'étude de la Nature et de ses lois.

Nous connaissons le mécanisme de l'ordonnance de l'Univers; nous avons discerné la marche réelle des astres, en apparence semblables, qui brillent au firmament des nuits. Nous savons que le Soleil est immobile au centre de notre monde, et qu'un cortège de planètes tourne autour du Soleil dans une orbite dont on a fixé parfaitement la courbe mathématique. Nous connaissons la cause des jours et des nuits, ainsi que celle des saisons, et nous pouvons prédire à une seconde près le retour des astres à un certain point de leur orbite, leurs rencontres, éclipses et occultations. Nous savons quelle est la cause des vents et celle des pluies ; nous pouvons désigner le trajet exact du plus faible courant des mers, et nous prédisons longtemps à l'avance l'heure et la hauteur des marées sur tout le globe. Nous sommes parvenus à expliquer les mouvements du sol qui ont produit autrefois les chaînes de montagnes, et qui occasionnent encore aujourd'hui les éruptions volcaniques et les tremblements de terre. Nous savons ce que renferme l'air et ce qui constitue l'air. Il n'est pas un minéral, une roche, pas une parcelle de terre dont nous ne puissions assigner la véritable composition. Bien plus, nous pouvons dire quelle est la composition du sol des planètes et de leurs satellites, ces astres qui roulent sur nos têtes, à des distances incalculables, et que nos yeux ne peuvent atteindre.

La Science a produit tous ces miracles. Mais le dernier mot de la Création n'est pas dit. Si le chemin parcouru est considérable, celui qui reste à parcourir est infini. D'autres hommes vont venir qui porteront plus loin leurs investigations, qui feront comprendre davantage l'Univers, qui feront admirer la puissance de Dieu dans la manifestation de ses œuvres. C'est à ces hommes de l'avenir que nous adressons un salut fraternel. *Qu'ils sont beaux sur les hauteurs, les pieds de ces hommes qui viennent annoncer les nouvelles de la Paix* (1) »*!* de cette Paix, sœur de la Science.

Mais quelque ferventes que soient nos aspirations, quelque chères que soient nos espérances, l'histoire de l'Humanité nous enseigne que, chez les peuples comme chez les individus, il y a la jeunesse, la virilité et la décadence, c'est-à-dire cette loi d'*Unité*

---

(1) « *Quam pulchri sunt super montes pedes evangelizantium pacis !* » — Psaumes de David.

que nous avons observée dans la Nature. Nous, Français, aujourd'hui l'orgueil et la gloire des nations, dans la force de notre énergie vitale, nous resplendissons à la tête des peuples. Paris, ce sanctuaire des Sciences, des Lettres et des Arts, où s'élaborent les conquêtes du génie, ce Panthéon de toutes les illustrations, Paris marche en avant, tenant à la main le fanal du progrès. Mais nous savons que, dans un certain nombre de siècles, toutes ces splendeurs seront évanouies ; que la Seine plaintive roulera ses eaux murmurantes dans la solitude, à l'ombre des saules et au sein des prairies silencieuses. C'est l'histoire de Babylone aux jardins suspendus ; de Thèbes aux sept murailles et aux cent portes ; d'Ecbatane, tombeau d'Alexandre ; de Ninive, où Job prophétisait ; de Carthage, rivale de Rome ; de Rome, centre du monde il y a 2,000 ans, tristement assise au bord du Tibre qui, depuis longtemps, a emporté dans l'abîme les antiques trophées d'une ère glorieuse.

Oui, comme tout individu, l'Humanité a devant elle les limites de sa perfectibilité, limites lointaines, nous l'espérons, mais limites qu'elle ne saurait franchir, et qui marqueront, lorsqu'elles seront atteintes, la première période de la décadence. Car, la *loi de Mort* est aussi la loi de toutes les choses visibles.

Pour nous, nous renfermant dans le cercle restreint de notre existence, notre devoir est d'élever nos esprits vers la région de Lumière et de Vie, là-haut, par delà cette brillante armée d'étoiles. Dieu est le but de notre vie, et la Nature, avec ses ordres divers, est l'échelle qui nous y conduit. Sachons reconnaître la raison d'être du Plan divin, et, après avoir admiré Dieu dans ses œuvres, sachons l'adorer en *esprit et en vérité.*

FIN.

NOTE

Les vers qui suivent sont extraits d'un poême actuellement en préparation. L'auteur a cru devoir en donner la primeur aux lecteurs de ce livre, en raison des grandes questions qui y sont traitées et qui ont avec l'œuvre contenue en les pages qui précèdent de nombreux rapports. *A Travers l'Infini*, comme son titre l'indique, est une étude considérable des phénomènes visibles et des causes cachées qui les font naître. Mais, le fragment qui est ici fourni n'intéteresse que les systèmes stellaires et les cosmogonies connues, ainsi qu'une étude du monde microscopique. En donnant à cet ordre d'idées la forme versifiée, l'auteur n'a pas entendu faire œuvre de poète, mais simplement donner une tournure plus noble aux grandes pensées qui sont le fond même de son travail.

TRAVERS
L'INFINI
A

A TRAVERS L'INFINI (1)

(Fragment)

LES CIEUX

« Félix qui potuit rerum cognoscere causas ! »
VIRGILE. — *Georgiques*, Liv. II.

I

. . . .
Le poète est un être à part parmi les hommes.

C'est lui qu'on voit, le soir, à l'heure des corbeaux,
Venir interroger les morts dans leurs tombeaux,
Ranimer les Memphys, les Thèbes, les Sodômes,
Les cendres des enfants et celles des aïeux,
Prendre chaque ossement, peser chaque poussière.
Puis, quand il a sondé le cadavre et la bière,
Il dit : « Heureux les morts qui dorment sous les Cieux ! (2)
« Ils sont l'espoir prochain des futures aurores ;
« Car Dieu, qui fit jaillir les astres de l'azur,
« Comme il cacha la perle en quelque flot obscur,
« Dieu de ces morts fera de brillants météores !... »

---

(1) Poëme en préparation.

(2) « *Audivi vocem de cœlo dicentem mihi : Beati mortui qui in Domino moriuntur,* » OFFICE DES MORTS.

Et ce rôdeur de nuit dans l'espace étoilé
S'élance, promenant sa nocturne maraude
De l'astre de saphir à l'astre d'émeraude,
Leur prenant les reflets dont il est constellé,
De ciel en ciel il court : de Vénus à Mercure,
De Céphée à Castor, Pollux, Aldébaran,
De Mars à Jupiter, comme l'heure au cadran,
Formant de rayons d'or la plus ample pâture.

Ces grains de blé pris dans les célestes sillons,
Le poète les sème en strophes ardentes
D'où naissent les Hugo, les Shakspeare, les Dantes,
Et tous les inspirés des divins tourbillons.

Ce trésor sans pareil de flammes, d'incendies,
Cet enchevêtrement d'équateurs, de soleils,
De pôles et d'éclairs pris aux astres vermeils,
A l'étoile polaire, aux comètes brandies,
De l'Est à l'Occident, du Zénith au Nadir,
A ces papillons d'or qu'on nomme Zoroastres,
Cet immense trésor de lumières et d'astres,
Hommes, il vous le donne !...

A vous de resplendir
A vous le Ciel profond, à vous les vastes plaines
De l'espace infini, les mondes, tout l'azur !
A vous le Ciel brillant ! A vous le Ciel obscur !
A vous tous les soleils dont ses routes sont pleines !
Ne dites plus que l'ombre embarrasse vos pas ;
Que, ne pouvant savoir, vous êtes misérables ;
Que, constamment courbés sous les Cieux vénérables,
Vous êtes impuissants, de la vie au trépas !
Vous ne pouvez sonder l'énigme des mystères,
Vous souffrez de la soif ardente des sommets.
La nuit est votre jour ; vos yeux ne voient jamais,
Habitués qu'ils sont aux ténèbres austères.....

C'en est fait ! Le Poète apparait, l'ombre fuit !
Semblables à des morts, vous viviez dans vos tombes !...
Dans l'espace étendez vos ailes de colombes,
Réveillez-vous ! Vivez ! Sachez ! Car le jour luit !
De la nuit éternelle abandonnez les voiles !
Laissez les sphynx répondre à leurs propres questions...
Venez voir dans les Cieux, aux Constellations,
Vos frères les Soleils et vos Sœurs les Étoiles !...

II

Ce rayon d'or conduit aux confins de l'Éther... (1)

Déjà voici *Vénus*, puis *Mars*, plus loin *Mercure*,
Saturne et ses anneaux ; *la Terre*, masse obscure,
Nous semble un grain de sable auprès de *Jupiter*...
Là, l'*Alpha du Centaure !* Ici, c'est la *Grande Ourse !*
A droite, nous laissons le *Baudrier d'Orion*...
Saluons *Andromède* et le *Scorpion !*...
Jusqu'au profond des Cieux dirigeons notre course.
Nous allons distancer ces Soleils tournoyants
Dont les blancs tourbillons peuplent l'espace informe :
Le plus puissant d'entr'eux n'est qu'un germe difforme
Egaré par Dieu sur ces chemins effrayants !...

— « Eh quoi ! Toujours plus loin ! », criez-vous au Poète.

Explorateurs, du Ciel c'est le premier jalon,
Vous n'en êtes encor qu'au premier échelon,
Et déjà vous croyez avoir atteint le faite ?...
L'air d'en haut est trop vif pour un faible poumon,

(1) La lumière parcourt 77.000 lieues par seconde.

Il n'est point fait pour vos poitrines oppressées !...
Astres dont des milliers d'astres suivent les traces.
Chercher au fond des Cieux l'Anneau de Salomon !

Astres dont des milliers d'astres suivent les traces,
Et vous, poussières d'or que l'on ne compte pas,
Multitude qu'à peine on aperçoit d'en bas,
Vous tous qui, sans repos, sillonnez les espaces,
Mers, Continents peuplés étincelants Soleils,
Plus nous nous enfonçons dans l'Éther vaste et sombre.
Plus nous nous demandons si vous êtes un nombre,
Tant vous êtes réduits en atômes pareils !...

— Poète ! quel est donc ce vaste amas d'Étoiles
Qui flotte lumineux, là-bas, dans l'air obscur ?
— *La Voie lactée !* — Et là, tout en haut de l'azur ?
— *Les Colonnes d'Hercule !* — O Dieu ! sont-ce les voiles
Qui dérobent ton lustre aux regards des Humains
Qu'on distingue plus loin ? — Non ce n'est pas encore
Le portique éternel de l'éternelle Aurore :
Ce sont les roses d'or des célestes jardins !
« Par delà tous les Cieux le Dieu des Cieux réside, » (1)
Et mille éternités ne le trouveront pas.
Pour tracer son domaine, il planta son compas
Dans l'espace infini, dans l'espace splendide.
Le mystère est partout : à droite, à gauche, au fond,
Dans le jour, dans la nuit ; il existe en nous-mêmes.
Sombre et brillant, ainsi que ces lointains systèmes,
Comme eux énigmatique, insondable et profond !...

— Ah ! nous manquons d'haleine, ici, dans l'air immense !
Un vertige nous prend !

— Eh bien, soit ! revenons.
Notre globe est bien loin !... Pour l'atteindre, prenons
Un des mille rayons que le Soleil dispense...

---

(1) Voltaire.

Nous touchons *Andromède, Aldébaran, Orion,*
Le Centaure... Suivons la spirale des Astres...
Nous voici sur la *Terre* !... A l'abri des désastres,
Calculez la hauteur de votre ascension...
Qu'avez-vous vu, mortels, aux infinis espaces ?
Que vous ont dit les Cieux aux flamboyants chemins ?
Les Mondes, inconnus du reste des Humains,
Vous ont-ils révélé l'énigme de leurs masses ?
Si haut, si loin, ce n'est qu'un point dans l'Infini ;
Quels que soient les sommets, quelles que soient les cimes,
Quand il s'agit de Dieu, tout est mystère, abimes ;
Toute clarté s'éteint, tout rayon est terni !
Car Dieu seul est clarté, car Dieu seul est lumière !
Hommes, inclinez-vous devant sa majesté !
Adorez l'Infini peuplant l'immensité
De ces millions de feux dont l'espace s'éclaire.

III

De même que l'Egypte, au seuil de ses déserts,
Met sur des piédestaux, semés d'hyéroglyphes,
Des sphynx aux seins pointus, aux doigts armés de griffes,
Dont l'œil de granit plonge au plus profond des airs ;
Au seuil de l'Infini Dieu plaça les Étoiles,
Ces sphynx mystérieux qui scintillent la nuit,
Se dérobent le jour, et lorsque le jour fuit,
Plongent leur œil de feu dans l'ombre aux sombres voiles.

***

Quel rôle jouez-vous, Astres, dans le Ciel bleu ?
Quel foyer inconnu vous déverse ses flammes ?
De ceux qui ne sont plus n'êtes-vous point les âmes ? (1)

---

(1) *Système de la Transmigration des Ames*, d'après les *Védas* genèse des Hindous.

Etes-vous les flambeaux du grand temple de Dieu? (1)
Sentinelles des Cieux, quel est votre mot d'ordre?...
Mondes, d'où venez-vous? Etes-vous habités?... (2)
Quelle force vous meut dans les immensités?...
Quelle main vous dirige, évitant tout désordre?...
D'où vous vient l'harmonie? Où vont tous vos accords,
Globes mélodieux qui chantez dans l'espace?...
Est-ce une île de feu, cette sphère qui passe?... (3)
Ses flancs, comme la Terre, ont-ils des enfants morts?... (4)
Comment compter vos ans? Vos jours sont des années!
Où fut votre berceau? Quel Soleil l'éclaira?
Quel écueil, quel récif, Astres, vous brisera,
Et comment finiront un jour vos destinées?...

Hélas! vous vous taisez! vous gravitez dans l'air
Sans dire le secret de la voûte étoilée!...
Mais vous, le savez-vous? Copernic, Galilée,
Newton, Lalande, Herschell, Flammarion, Képler?
Car du livre des Cieux vous avez lu les pages,
Savants! Vous connaissez le sublime Alphabet,
Et vous avez surpris cet invisible archet
Qui commande aux concerts des infinis rivages
Vos lumineux esprits sont frères des Soleils,
Vos âmes sont les sœurs des brillantes Étoiles...
Déchirez à nos yeux les ombres et les voiles
Qui nous cachent le mot de ces mondes vermeils!
....

---

(1) « Ces feux demi-voilés, pâle ornement de l'ombre.
« Dans la voûte d'azur avec ordre semés,
« Sont les sacrés flambeaux pour ce temple allumés.
(A. DE LAMARTINE).

(2) Système de la Pluralité des Mondes

(3) Les Comètes.

(4) « Quand vous verrez la vie et la mort dans le ciel ; un monde « brisé dont les débris roulent près de nous, le ciel emportant avec « lui ses cadavres dans son voyage du temps, comme la terre em- « porte les siens, etc., etc. »
A. GRATRY. *Les Sources*, CHAP. IX.

Vous vous taisez aussi !... L'éternelle Sagesse
Se dérobe devant vos calculs soucieux.
Vous n'en êtes encor qu'à l'Alpha des grands Cieux ! ....
Avouez-le, Savants ! Votre Science est faiblesse.

⁂

Et vous qui ne vivez que d'idéal, d'azur,
Colombes par le cœur, aigles par le génie,
Vous qui des globes d'or nous chantiez l'harmonie
En un rythme divin, en un langage pur !...
Qu'avez-vous entendu, nos Maitres, ô Poètes,
Quand l'inspiration aux Cieux vous transportait ?...
En vous voyant venir, chaque sphère chantait !
Qu'avez-vous retenu de ces célestes fêtes ?
Shakspeare, Homère, Hugo, Dante, oui, dites-nous
Ce qu'en leurs chœurs sacrés modulent tous ces Mondes,
Et si, vous avançant sur ces routes profondes
Que l'œil ne perçoit pas, leurs chants sont aussi doux !
Car vous aviez la Foi, — cette Foi qui domine, —
Et vous aviez l'Esprit : ces deux ailes de feu,
En vous faisant planer aux régions du bleu,
Du Ciel vous ont appris l'énigme et l'origine...
....

Vous vous taisez encor !... La sublime Beauté
N'apparait point sous le portique des étoiles,
Et malgré leurs Soleils, les Cieux ne sont que voiles,
Obscurité, devant l'ineffable Clarté.
Ce que disent entr'eux les Mondes et les Sphères,
Nul n'a pu le savoir, nul ne le comprendra ;
Ce secret, nul mortel jamais le surprendra:
Dieu seul peut dire si leurs chants sont des prières !

⁂

Vous connaissez l'espace et vous savez les Cieux,
Vous qui volez plus haut et plus loin que les aigles,

Vous que la Foi mûrit, comme le vent les seigles :
Prêtres, enseignez-nous le mot mystérieux !
Vous répandez votre âme au seuil des tabernacles
Et vous n'habitez point les tentes des mortels ;
Sans doute vous savez les secrets éternels
Et les sphynx ont pour vous dévoilé leurs oracles !...

Du Ciel que nous voyons où donc est le pivot,
Cet axe autour duquel tous les Astres gravitent ?
Quelle loi les régit ? Quels ressorts les agitent ?
Quel chef commande à ces soldats du Sabaoth ? (1)
Parlez, prêtres d'Isis, pasteurs de la Chaldée,
Vous, bonzes de Boudha, vous, prêtres de Jésus !...
Livrez-nous, livrez-nous le secret d'Uranus.
Où donc est l'astre d'or qui luisait en Judée
Lorsque naquit le Christ ? Où finit l'Orient ?...
Où sont les régions des vents et des orages ?...
Les Cieux ont-ils des mers, et ces mers des rivages ?
Où s'arrête la nuit ? Où finit l'Occident ?...
Où sont les réservoirs d'ombres et de lumières ?...
De la nuit et du jour quels sont les éléments ?...
Pourquoi tant de rubis, saphirs et diamants ?...
Pourquoi le chant sacré des globes et des sphères ?
Dieu, sans doute, a bâti son temple dans l'azur : (2)
C'est pour Lui que, la nuit, tous les Astres s'allument,
Que des brouillards d'encens de tous les Mondes fument,
Et c'est Lui qui dans l'air a semé de l'or pur!

— Au savoir des Humains Dieu mit une limite :
Loué soit Jéhovah ! Que son nom soit béni !

---

(1) Isaïe nous fournit un passage remarquable dans lequel il dit notamment : « C'est moi qui ai fait la terre et c'est moi qui ai « créé l'homme pour l'habiter ; mes mains ont étendu les Cieux, « et c'est moi qui ai donné tous les ordres à la *milice* des astres. »

(2) « Chacun de ces astres est un temple où Dieu reçoit l'hom- « mage qui lui est dû : j'ai vu fumer leurs autels ; j'ai vu leur encens « s'élever vers son trône : j'ai entendu les sphères retentir des « concerts de sa louange. »

YOUNG, (*Les Nuits*).

Hommes, vous avez pu concevoir l'Infini,
Mais cette idée est Dieu, c'est en Lui qu'elle habite.
Cesser d'interroger les grands sphynx lumineux ;
Ne cherchez pas un mot qui n'est pas dans le livre;
Pour connaitre les Cieux n'oubliez pas de vivre.
Abandonnez l'espace, il est vertigineux.
Car Dieu veut qu'on l'adore, et non pas qu'on le scrute;
Puis, il veut être aimé, mais non pas recherché.
Dans le camp des Soleils s'il reste retranché,
Respectez son vouloir, évitez votre chute.
Sa bouche a déclaré que quiconque oserait
De ces globes errants faire un observatoire
Pour sonder l'Infini, sous le poids de la gloire,
Resterait accablé, sans savoir le secret.
Vous pouvez contempler les sublimes merveilles :
Elles sont un reflet des splendeurs du Grand Tout.
N'approfondissez pas. Le mystère est partout,
Partout il frappera vos yeux et vos oreilles.
Interrogez la Terre, interrogez les Eaux,
Ces autres infinis; interrogez l'Atôme;
Interrogez aussi ce Néant, ce Tout : l'Homme:
Les secrets devant vous surgiront en faisceaux !...

* * *

Poète, loin des Cieux guide ta caravane!
Porte-voix du Très-Haut, vas redire aux Humains
Que l'Univers entier est l'œuvre de ses mains,
Et qu'en bas, comme en haut, c'est l'Infini qui plane !

LES EAUX

I

La pente qui conduit aux profonds Océans
Est rapide!.. Avançons... Allons, Hommes, mes frères!...
Nous atteignons ces eaux orgueilleuses et fières
Dont l'idée a, parfois, bouleversé nos sens!...
Des flots!.. Toujours des flots ! Des ondes, puis des ondes
Toujours se succédant, sous la même couleur,
Mais respectant le plomb du divin Niveleur,
Roulent sans s'arrêter sous la voûte des Mondes...

⁂

Sous quels Cieux inconnus avez-vous pris le jour,
Vagues ! D'où venez-vous ? Quelle rive lointaine ,
Quelle grève ignorée, ou paisible ou hautaine,
Même sans vous connaître attend votre retour ?
Votre âge se perd-il dans l'Océan des âges ?
Datez-vous de l'époque où naquirent les Cieux ?... (1)
Vos destins, votre but, sont-ils mystérieux ?...
Sans cesse devez-vous voir de nouveaux rivages ?...
Puis, que disent vos voix ?... Seraient-elles l'écho
D'une plainte d'amour, d'une longue agonie,
D'un violent cri de mort, ou d'une symphonie ?...

Flots, vîtes-vous tomber les murs de Jéricho ?
Le feu du ciel brûler et Gomorrhe et Sodome ?...
La Gaule tenir tête aux hordes d'Attila ?
Rome accepter pour chefs Néron, Caligula ?...

---

(1) Buffon supposait que le globe terrestre comptait 74.832 ans d'âge.

Vites-vous la grandeur et la chûte de Rome?...
Vites-vous les combats des Francs et des Germains?..
Et Vercingétorix, Brennus et Charlemagne?...
Avez-vous de Poitiers vu l'antique campagne
Que Martel arrosa du sang des Sarrazins?...
Datez-vous de l'époque où Jeanne-la-Pucelle
Dérouta les Anglais sous les murs d'Orléans?...
Vites-vous saint Louis, captif des Musulmans,
Exhaler à Tunis son âme à Dieu fidèle?...
Flots anciens, parlez-nous!...

Parlez-nous, flots nouveaux!
Avez-vous du vieux Rhin baisé la rive aimée?
Avez-vous vu Strasbourg par la Prusse opprimée?
L'Alsace et la Lorraine en proie aux noirs corbeaux?..
Venez-vous du Tonkin, du Dahomey, de Chine?...
Parlez-nous de vivants, et parlez-nous des morts:...
Vous fûtes les témoins d'héroïques efforts:
Sous le poids des malheurs a-t-on courbé l'échine?...

Vagues, vous vous taisez! Et pourtant, vous savez
Des secrets ignorés du monde et de l'Histoire;
Vous savez la défaite et vous savez la gloire!...
Oh! que de corps sanglants dans vos plis sont lavés!
Tout, à votre surface, est énigme et mystère:
Le flot succède au flot en haut des gouffres bleus!
Nous cherchons l Infini dans tes déserts sableux,
Et nous voulons sonder ton fond, ô Mer austère!...

Sans crainte plongeons-donc dans cette immensité.
Suivons jusqu'à la fin l'escalier des abîmes:
Scrutons tous les replis de ces antres sublimes,
Et de la nuit des Mers fouillons l'intensité!

II

Hommes, nous descendons dans le puits noir des ondes!

Voici les grands poissons qui font trembler les eaux:
Le Requin, la Baleine, et là, sur les coraux

L'Orque aux yeux verts, brillant sous les vagues profondes.
Pénétrons plus avant sous le dôme des Mers :
Léviathan fouette ici le gouffre de sa queue :
La Sirène n'a plus sa chevelure bleue,
C'est l'abime et la nuit, les flots ne sont plus clairs.
Là, des Dragons squammeux glissent près des Milandres.
La Seiche, horrible à voir, le Polype aux cent bras,
Mille monstres, qu'en haut nous ne soupçonnons pas,
Des fleuves sous-marins côtoient les noirs méandres !
Plus loin, voyez encor, de longs fanons armés,
Le visqueux Crocodile et l'affreuse Lamproie
Dans l'éternel roulis cherchant tous deux leur proie,
Et jusqu'au fond des eaux se croisant, affamés !...

— Poète, remontons ! car nous manquons d'haleine !
Ces monstres nous font peur, nous sommes dans la nuit !

Frères, prenez courage ! une lampe nous luit ;
Son rayon va guider la caravane humaine !
Vous n'avez fait qu'un pas dans l'abime infini,
Et vous n'êtes qu'au bord de l'élément liquide ;
Allons plus loin, partout où l'énigme réside ;
Suivons ce rayon dont l'éclat n'est pas terni.

∴

O Méduse, c'est toi dont les pâles spirales
Se déroulent autour de sépulcres mouvants !
Tu brilles chez des morts, et tes reflets vivants
Sont pareils aux reflets de nos lampes tombales !
Voyez-vous, en effet, ces cadavres nombreux
Buvant avec la mort le froid par tous les pores ?
Les uns restent fixés aux flancs des madrépores,
Comme aux saules, jadis, la harpe des Hébreux. (1)

---

(1) *In salicibus suspendimus organa nostra.* »
Psaume : Super flumina Babylonis.

Ballottés par le flux et le reflux des ondes,
Là, d'autres morts s'en vont, couverts de goëmons,
Pauvres morts inconnus, ou morts que nous aimons,
De leurs crânes hideux saluant les deux mondes !
La Mort n'est point, pour eux, l'asile du repos,
Car, venus des pays où le Soleil se lève,
Ils s'en viennent baiser l'occidentale grève,
Et roulent à jamais dans l'éternel cahos !
Qui nous dira ces bras cherchant l'abri des hâvres?
Ces adieux déchirants par les lames surpris ?
Ces pleurs, ces désespoirs, ces regrets et ces cris ?
Ces lèvres sous la vague embrassant les cadavres .?..

Chez nous. pour y dormir, nos morts ont un cercueil,
Un tertre le gazon, un tombeau, des fleurs blanches,
Des oiseaux gazouillant dans l'if aux noires branches.....
Mais les morts de la Mer ont pour lit quelque écueil,
Pour tombe quelqu'abîme, et pour tertre les vagues ;
Le varech, l'algue verte, y sont les seules fleurs ;
Nul gazon n'y verdit arrosé par les pleurs;
Le cadavre repose au fond des herbes vagues!...

— Mais quoi ! même en ces lieux la Mort domine encor ?
Vite, gagnons la terre où resplendit la Vie ! —

*
* *

Hommes, comment pouvoir contenter votre envie,
Quand la mer à vos yeux offre un nouveau décor ?...
Avançons donc, gardant un visage impassible,
Et sans crainte marchons vers le but inconnu,
Par cet enfer de mort, sans Belzébuth cornu,
Sans bitume enflammé, dans la caverne horrible !...
Lentement sous les flots laissez glisser vos pas :
Le gouffre s'élargit...
....

Forêts d'algues géantes,
Apparaissez !... Déserts, solitudes mouvantes,
Dociles à ma voix, ouvrez-vous !... Le trépas
N'a plus d'empire ici, car, ramenant sa sonde,
Il a touché les bancs de sable et de corail :
La Mort ne peut finir son sinistre travail
En ces replis que nul rayon de vie inonde !

Aucun explorateur en ces lieux n'est venu.
Pourtant, ces régions regorgent de richesses
A combler mille fois mille et mille Lutèces !
— Pauvres, approchez-vous : l'Or vous est-il connu ?
Connaissez-vous aussi le prix de l'Émeraude ?
Vos yeux ont-ils fixé l'éclat des Diamants,
Du Rubis, de la Rose aux reflets flamboyants ?...
Tendez la main, prenez, sans souci de la fraude...
Ce sable est de l'or fin ; l'onde roule de l'or !
Ces pierres, ces rochers, ces bancs et ces abîmes
Renferment des trésors que nuls vers, nulles rimes
Ne peuvent emporter dans leur magique essor.
Là sont de Diamants les splendides cascades,
Les antres de Rubis, les grottes de Saphirs ;
L'Améthyste et la Rose, à l'abri des zéphirs,
Dardent sur les Coraux leurs brillantes œillades
Sous le voile des flots ces biens restent cachés,
Ces astres de la Mer n'éclairent que des ondes,
Des abîmes comblés par les vagues profondes !
Pourquoi de tels trésors nous sont-ils retranchés ?
O Nature ! pourquoi te montres-tu prodigue
De ces biens dont, ici, nul ne doit profiter ?
Dans des antres sans fond pourquoi précipiter
Ces biens ? D'un mur de flots pourquoi faire une digue ?

*
* *

Ainsi Dieu l'a voulu. Sous le dôme d'azur
Qu'il tendit de ses mains sur la terre obscurcie,
N'a-t-il pas, avec art comme avec minutie,

Dans les sillons des Cieux semé l'or le plus pur ?
De même que l'espace, à la sphère infinie,
S'élargit à mesure à nos yeux éblouis,
Sous le manteau des eaux la Mer cache, enfouis,
Les trésors qu'on découvre. Et, malgré le génie,
Et malgré le talent, nul ne peut concevoir
Où commencent les flots, où s'achève leur course :
L'Océan n'a jamais fait connaître sa source.
Où va-t-il ? — D'entre nous, qui donc peut le savoir ?
Quelle est sa profondeur ?.. Que cèlent ses abimes ? ...
Sait-on le nombre vrai de tous ses habitants ?....
Où, quand voient-ils le jour ?... Existent ils longtemps ?...
Pourquoi tous ces trésors et pourquoi ces victimes ?

Comme chaque Soleil chaque flot est un sphinx.
Soit sous un ciel de feu, soit sous un Ciel de neige,
Nous en sommes réduits à *Peut-être* et *Que sais-je?*
Quand nous sondons les Mers de nos regards de lynx.
Car, en bas comme en haut, l'Infini nous absorbe;
Le centre de la sphère est partout ; nulle part,
Ou poète ou savant, ou jeune homme ou vieillard,
N'a pu déterminer le cercle de cet orbe.

Cessez-donc de vouloir épeler ce grand nom
Dont les Cieux et les Mers forment les majuscules
Et dont nous sommes tous les lettres minuscules.
L'Infini nous étreint, et, qu'on le veuille ou non,
Son mystère est partout : la plus petite goutte
Des flots de l'Océan nous le montre, flagrant.

∴

L'infiniment Petit vaut l'infiniment Grand.

Voulez-vous voir de près votre esprit en déroute ?
Approchez ! regardez !

Cette goutte est un puits
Où la raison se perd ; c'est un profond dédale
Où, devant chaque pas, une énigme s'étale ;
C'est comme un océan plein d'abîmes ! et puis,
C'est l'Alpha du Grand Tout. — Cet atôme liquide
Est un autre Univers, sujet aux mêmes lois.
Il a ses ans, ses jours, ses siècles et ses mois.
On naît, on vit, on meurt dans ce monde fluide.
Hommes, peut-on compter les Soleils de l'azur ?
Peut-on compter les flots des Océans sans bornes ?
Les cadavres perdus qu'ils roulent, froids et mornes ?. . .
La goutte d'eau pour vous c'est le secret obscur !
Vous pouvez la tenir, la sonder, la résoudre,
Réduire à l'infini les fractions de ce tout,
— Votre Chimie, hélas ! ne peut aller partout —
Vous ne pourrez jamais l'absorber, la dissoudre.
Sous vos doigts elle fuit, entraînant tous ses sphynx ;
Elle devient vapeur, air, gaz, et puis, que sais-je ?
Elle se cristallise et nous retombe en neige,
Et son secret échappe à vos regards de lynx !

Ce que la goutte d'eau contient d'*entozoaires*, (1)
Pour qui l'heure qui passe est une éternité,
Qui le sait justement ? Quel savant a compté
Ces êtres plus nombreux que les mondes stellaires ?
Ici, voyez grouiller, ainsi qu'en un étang,
Ces monstres au corps long, aux formes serpentines,
Aux anneaux enlacés : ce sont les *Virgulines*. (2)
Elles ont, comme nous, des os, des nerfs, du sang,
Et vivent en tribus, en races, en peuplades :
Une pointe d'aiguille en soutient des millions !

---

(1) Animaux intérieurs.

(2) Les *Virgulines* sont des animaux microscopiques affectant la forme d'une virgule : de là leur nom étymologique.

(3) Les *Vibrions* imitent des spirales, des fuseaux, des serpents. Une espèce très drôle, le *vibrion olor*, n'est pas sans analogie avec une fiole à très long goulot, et elle passe sa vie entière à s'étirer et à rentrer en elle-même. Les Vibrions se meuvent rapidement et décrivent des ondulations semblables à celles des reptiles.

Ce qu'on aperçoit là, ce sont les *Vibrions* : (3)
Un invisible atôme en contient des myriades!
L'instant qui les voit naître est témoin de leur mort ;
Les plus anciens d'entr'eux vivent une seconde,
Puis meurent aussitôt pour revenir au monde :
Naître, mourir, renaître, enfin, tel est leur sort.

La loupe montre aussi, tout au fond de la goutte,
D'autres êtres non moins difformes et nombreux,
Tenant de la Tortue et du Dragon squammeux !...
Des antres de l'énigme ils défendent la route.
Pour nous-mêmes ils sont un problème inconnu :
De l'horrible et du laid c'est l'étrange alliance.
Par les ailes oiseaux, serpents par l'apparence,
Crocodile ou requin par l'ensemble charnu :
Ils sont catalogués sous le nom de *Monades*. (1)
Ils vivent peu d'instants, et des instants fort courts.
Comme les *Vibrions* ils meurent, puis toujours
Reviennent à la vie : insondables charades !
Quelle est l'utilité de ces monstres affreux ?
Je l'ignore : Dieu seul connait ce grand mystère;
Seul il sait le secret de leur vie éphémère,
Et seul il peut compter leurs bataillons nombreux.
Dans l'ordre universel ils tiennent peu de place,
— Car, qu'est la goutte d'eau dans le cycle infini ? —
Un peu moins qu'un atôme, un point indéfini !

Pourtant cette onde est pure et claire comme glace ! (2)

Mais arrêtons-nous là ! Le plus fécond cerveau
Ajouterait en vain les chiffres par centaines,

---

(1) Les *Monades* ont l'aspect d'un petit point blanchâtre, et on a calculé qu'il en faudrait mille rangés les uns à côté des autres pour faire une longueur d'un millimètre.

(2) En outre de ces quelques entozoaires, on en compte encore une quantité d'autres tels que les *Bactéries*, les *Protées*, les *Rotifères*, les *Vorticelles* et autres infusoires atomiques qui peuplent chaque goutte d'eau.

Nuls seraient ses efforts, inutiles ses peines!
Le mystère est au fond de l'humble goutte d'eau,
De même qu'il se cache au-delà des grands Astres..
Dieu dresse à chaque pas d'innombrables écueils,
Dans l'abime des flots, dans la nuit des cercueils :
Comme les Cieux, les Mers comptent leurs Zoroastres!!!

Pour extrait :

J. MANIN.

TABLE DES MATIÈRES

Première partie

FACULTÉS DE L'INTELLIGENCE

Deuxième partie.

LOIS INTELLECTUELLES et LOIS COSMIQUES

Achevé d'imprimer

Le 1er Janvier 1898

PAR

LUCIEN BEILLET

IMPRIMEUR

80, Rue de Bondy, 80

à PARIS

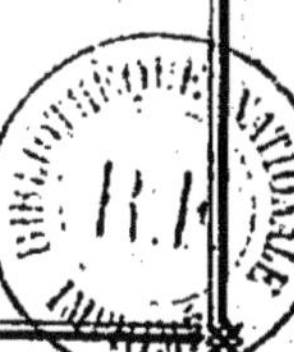

TRAVERS L'INFINI

A

www.ingramcontent.com/pod-product-compliance
Ingram Content Group UK Ltd.
Pitfield, Milton Keynes, MK11 3LW, UK
UKHW022107190726
13855UKWH00002B/696

9 782013 05453